Prof. Dr.
Holger Schulze

Streifzüge
durch unser Gehirn

34 Alltagssituationen
und ihre
neurobiologischen
Grundlagen

Prof. Dr. Holger Schulze

Universität Erlangen-Nürnberg
Waldstraße 1
91054 Erlangen
E-Mail: Holger.Schulze@uk-erlangen.de
www.schulze-holger.de

Prof. Dr. Holger Schulze ist Leiter des
Forschungslabors der HNO-Klinik der
Universität Erlangen-Nürnberg sowie
auswärtiges wissenschaftliches Mitglied
des Leibniz-Instituts für Neurobiologie
in Magdeburg.
Seine Untersuchungen zielen auf ein
Verständnis der Neurobiologie des Lernens
und Hörens.

Meinen Eltern, in tiefer Dankbarkeit

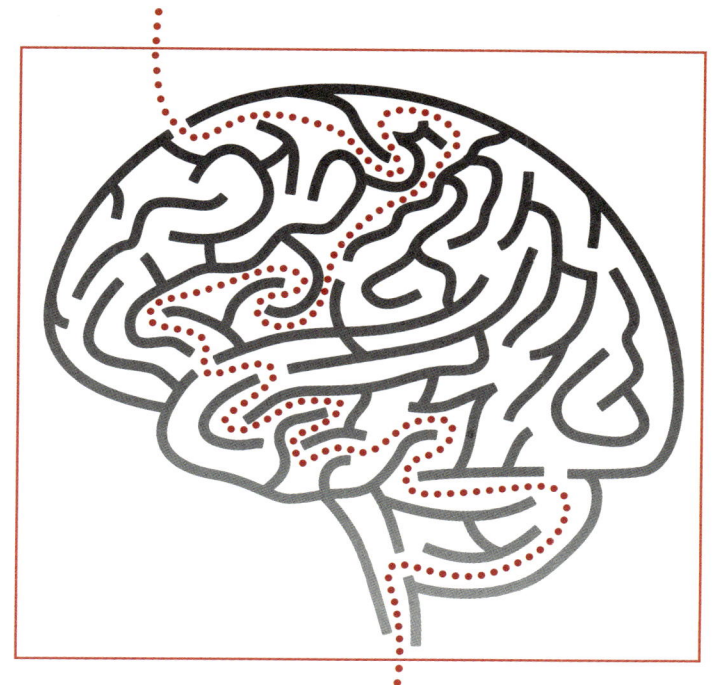

Prof. Dr.
Holger Schulze

Streifzüge
durch unser Gehirn

34 Alltagssituationen
und ihre
neurobiologischen
Grundlagen

UMSCHAU ZEITSCHRIFTENVERLAG
Otto-Volger-Straße 15
65843 Sulzbach im Taunus
www.uzv.de   ISBN-13: 978-3-930007-27-1

Wichtiger Hinweis:
Die biomedizinische Wissenschaft ist einem ständigen Wandel unterworfen. Die in diesem Buch gemachten Angaben entsprechen nach sorgfältiger Prüfung durch den Verfasser dem derzeitigen Wissensstand. Dennoch sollte jeder Benutzer anhand der Beipackzettel verwendeter Präparate prüfen, ob die dort gemachten Angaben von denen des vorliegenden Buches abweichen. Verlag, Herausgeberin und Autoren haften nicht für Fehler, die trotz sorgfältiger Bearbeitung möglich sind.
® ™   Geschützte Warennamen wurden nicht besonders kenntlich gemacht. Aus dem Fehlen eines solchen Hinweises kann nicht geschlossen werden, dass es sich um einen freien Warennamen handelt.

© 2011 UMSCHAU ZEITSCHRIFTENVERLAG GmbH
Otto-Volger-Straße 15

65843 Sulzbach im Taunus

www.uzv.de

Ein Titeldatensatz für diese Publikation ist bei der Deutschen Bibliothek erhältlich: http://dnb ddb.de

Gestaltung, Lektorat, Projektmanagement + Producing:
mpm Fachmedien und Verlagsdienstleistungen, Pohlheim
Umschlagillustration: Fotolia und unter Verwendung von Abbildungen aus dem Inner teil.

Grafik + Satz: mpm Fachmedien und Verlagsdienstleistungen, Pohlheim;

Bildnachweis im Anhang

Druck und buchbinderische Verarbeitung: Westermann Druck, Zwickau

Printed in Germany   April 2011

ISBN−13: 978-3-930007-27-1

Vorwort

Kennen Sie das auch? Auf der Betriebsfeier Ihrer Firma stehen Sie mit Ihrem Aperitif mitten unter zahllosen Kollegen und hören doch auf einmal, wie jemand am anderen Ende des Raumes Ihren Namen sagt. Oder ein Geruch, den Sie lange nicht mehr wahrgenommen haben, bringt plötzlich uralte Erinnerungen an längst vergangene Kindertage hervor. Haben Sie sich in solchen Situationen nicht auch schon einmal gefragt, wie unser Gehirn es eigentlich schafft, solche Leistungen zu vollbringen? Und genauso ungläubig stehen wir oft den Phänomenen gegenüber, die in Folge von Erkrankungen des Gehirns auftreten, etwa bei Demenz oder Parkinson.

Von diesen alltäglichen Leistungen unseres Gehirns, aber auch den Auswirkungen von Funktionsstörungen desselben, handelt diese Sammlung von Kolumnen, die monatlich in der Fachzeitschrift „Die PTA in der Apotheke" erscheinen. Die einzelnen Themen folgen dabei keinem bestimmten System wie in einem Lehrbuch und erheben daher auch keinen Anspruch auf eine vollständige Beschreibung des Gehirns. Sie sollen vielmehr einzelne, unterhaltsame, überraschende oder auch nützliche Einblicke in die Funktionsweise unseres Gehirns geben, um Sie so Stück für Stück besser mit dieser faszinierenden „Maschine" in unseren Köpfen vertraut zu machen.

Jeder Beitrag ist dabei für sich und ohne Vorbildung lesbar, so dass Sie sich die Reihenfolge der Lektüre selber zusammenstellen können. Ich empfehle dabei folgende Dosierung: Immer nur eine vor dem Schlafengehen aufnehmen, so erzielen Sie den größten Lerneffekt! Aber das kennen Sie so ja vielleicht auch...

Bleibt mir nun also nur noch, Ihnen viel Spaß und spannende Erkenntnisse beim Lesen der vierunddreißig kurzen Texte zu wünschen.

Holger Schulze

Inhalt

A Unsere Sinne

1 Prägende Eindrücke   10
Jeder hat sein eigenes Modell der Welt im Kopf

2 Im Reich der Düfte   12
Gerüche sind mit Emotionen verbunden

3 Unerwünschte Knalleffekte   16
Für HNO-Ärzte beginnen alle Jahre gleich

4 Der Verlust der Stille   18
Chronischer Tinnitus

5 Das Cocktail-Party-Phänomen   20
Multitasking – unser Gehör trägt viel dazu bei

6 Vertigo   22
Verlernter Schwindel

7 Reflexe außer Kontrolle   26
Das Gehirn kontrolliert das Rückenmark
– bis zum Querschnitt

8 Neuroprothesen   28
Kommunikation zwischen Nervensystem und
Maschine ist keine Science-Fiction

B Stimmungen, Gefühle & Co.

9 Käffchen?   32
Koffein erhöht die Freisetzung von Dopamin

10 Gefährliche Spaßverderber   34
Neuroleptika sind seit den 1950er Jahren bekannt

11 Kopf oder Bauch?   36
Auch Ökonomen interessieren sich für Neurobiologie

12 Macht Schokolade süchtig?   38
Das süße Verlangen

13 Und täglich grüßt die Angst   40
Angst kann man verlernen

14 Ich fühle was, was Du nicht fühlst   42
Frauen sind gefühlsbetonter als Männer

15 Verstehen Sie Ihren Partner?   44
Zyklisch veränderte Wahrnehmung

16 Lernen macht glücklich   48
Beim Lernen setzt der Organismus zur Motivation
ein körpereigenes Dopingsystem ein

17 Sex macht klug   50
Beim Lesen und beim Sex
belohnt sich der Körper mit Dopamin

18 Es werde Licht!   52
Wintertage sind belastend für unser Gemüt

C   Warum wir sind, wie wir sind

19 Intelligente Kinder   56
Menschen unterscheiden sich in ihrer Intelligenz

20 Macht Musik intelligent?   58
Das Gehirn und der Mozart-Effekt

21 Bildung aus der Flimmerkiste?   60
Warum wir immer Lehrer aus
Fleisch und Blut brauchen werden

22 Lernen mit einer Pille?   62
Untersuchungen an Parkinsonpatienten tragen zum
Verständnis des Lernens bei

23 Schädliche Computerspiele 64
Suchtgefahr für das sich entwickelnde Gehirn

24 Gedankenlesen 66
Die Gedanken sind – und bleiben – frei!

25 Köpfe und Computer 68
Menschen denken anders als Maschinen

26 Der Ton macht die Musik 70
Prosodie gibt der Sprache einen Sinn

27 Kaufen Kunden freiwillig? 72
Es gibt einen freien Willen

28 Gesunder Schlaf 74
Schlafentzug hilft bei Depressionen

29 Verletzte Gedankenwelt 76
Gesunde Hirnregionen können Ausfälle
teilweise kompensieren

30 Eine Pille für das Vergessen 78
Ein normales Weiterleben soll wieder möglich werden

31 Das konservative Gehirn 80
Warum es so schwer ist, sich zu ändern

32 Voller Bauch studiert nicht gerne 82
Was hat der Magen mit dem Gehirn zu tun?

33 Was ist der Mensch? 84
Ein funktionierendes Frontalhirn
bestimmt unsere Persönlichkeit

34 Wieso ist der Mensch gläubig? 86
Der Herr ist in Dir

Quellenangaben und weiterführende Literatur 88

Bildnachweis 96

Unsere Sinne

Alle Informationen, die der Mensch über sich und seine Umwelt erfährt, erhält sein Gehirn über die Sinne. Dabei besitzt der Mensch weit mehr als die klassischen 5 Sinne, Sehen, Hören, Riechen, Schmecken und Fühlen: Sensoren im Innenohr informieren uns nicht nur über Schallereignisse, hier liegt auch unser Gleichgewichtsorgan, das uns die Lage und Bewegung unseres Körpers relativ zum uns umgebenden Raum signalisiert. Sinnesfasern in den Tiefen unserer Muskulatur, den Sehnen und Gelenken, teilen uns die aktuelle Körperhaltung mit, warnen uns vor Überspannungen der Muskeln und Bänder und bewahren uns so vor Verletzungen. Auch existieren chemische Sonden an verschiedenen Stellen unseres Kreislaufsystems, die den Salzgehalt (genauer: Osmolarität) des Blutes bestimmen oder auch dessen Sauerstoffsättigung. Mechanosensoren in unseren Eingeweiden messen die Füllung des Magen-Darm-Traktes, der Blase oder auch der Herzkammern. Das Gehirn erhält so vollständige Kontrolle über unsere innere und äußere Welt. Viele dieser Sinneseindrücke, wie etwa die letztgenannten, werden uns nicht unmittelbar bewusst. Doch auch sie sind von entscheidender Bedeutung für die Aufrechterhaltung unserer Körperfunktionen – steuern sie doch Atmung, Hungergefühl, Durst oder schicken uns auf die Toilette.

Damit diese Flut an Informationen, die in jeder Sekunde das Gehirn erreicht, für unser bewusstes Selbst überschaubar bleibt, filtern das Gehirn bzw. bereits die Sinnesorgane die Information und stellen unserem Ich nur einen Bruchteil zur bewussten Wahrnehmung zur Verfügung. Aus dieser im Vergleich zur Gesamtheit aller uns umgebenden Informationen sehr geringen Datenmenge erstellt unser Gehirn ein internes Modell der Welt. Dabei versucht es ständig zu bewerten, welche Informationen relevant sind und welche nicht. Die Regeln dieser Bewertung werden dabei bestimmt durch die Erfahrungen, die wir machen, und durch lebenslanges Lernen. Alles was wir wahrnehmen, bewerten wir immer in Bezug auf dieses Referenzsystem, auf dieses ganz persönliche Modell der Welt in unseren Köpfen. Und dieses Modell ist bei jedem Menschen ein bisschen anders, denn jedes Gehirn entwickelt sich individuell auf der Grundlage der persönlichen Erfahrungen. Dies ist auch der Grund, warum jeder die Welt ein wenig anders wahrnimmt und bewertet und erklärt zum Beispiel, warum fünf verschiedene Zeugen sich von demselben Tathergang fünf verschiedene Aspekte gemerkt haben können und so zu Verwirrung vor Gericht führen. Denn unsere Augen sind eben keine Kameras und unsere Ohren keine Tonbänder: Unsere Sinne nehmen Informationen nicht nur auf, sie filtern und bewerten sie auch, auf der Grundlage ihrer biologischen Eigenschaften und der im Gehirn gespeicherten, individuellen Erfahrungen ihrer Eigentümer.

In ersten Abschnitt dieses Buches wollen wir uns unseren Sinnen hier und da ein wenig nähern, ein paar Schlaglichter werfen auf einige, ausgewählte Aspekte unserer Empfindungen und die Mechanismen, wie diese zustande kommen. Wir können dabei keinesfalls vollständig erfassen, was unsere Sinne alles zu leisten im Stande sind, doch wir wagen einige erste Einblicke in, einige erste Streifzüge durch unser Gehirn.

Prägende Eindrücke

Jeder hat sein eigenes Modell der Welt im Kopf

Wir erleben die Welt nicht, wie sie ist, sondern durch Filter, die uns nur Bruchteile der uns umgebenden Dinge bewusst werden lassen.

Kennen Sie das auch? Ein Japaner steht bei Ihnen in der Apotheke und bittet Sie um eine Schachtel „Aspilin", und Sie fragen sich, warum die sich eigentlich nicht mal die Mühe machen können, unser „r" ordentlich aussprechen zu lernen? Nun, da tun Sie ihm Unrecht ...

Das hängt damit zusammen, dass Lernvorgänge in der frühen Kindheit nicht nur der Informationsspeicherung dienen, sondern zugleich strukturierenden Einfluss auf unser Gehirn haben. Man bezeichnet derartige Lernvorgänge daher als Prägung. Das Gehirn passt sich dabei optimal an die äußeren Anforderungen an, und dies sind zunächst sensorische.

Ein Beispiel: Ein Kind macht seine erste Hörerfahrung noch im Mutterleib. Mit höchster Wahrscheinlichkeit ist dies die Stimme der Mutter, und für das Kind ist es später überlebenswichtig, diese Stimme sicher wiederzuerkennen. Das Gehirn kann aber, bevor es die Mutter das erste Mal gehört hat, nicht wissen, wie ihre Stimme klingen wird. Es muss daher zunächst sicherstellen, jede beliebige Stimme überhaupt wahrzunehmen. Dazu legt das Hirn während seiner Entwicklung zunächst einmal alle möglichen Verbindungen zwischen Neuronen an. Wenn dann die Stimme das erste Mal gehört wird, werden von diesen nur diejenigen

aktiv, die diese Stimme tatsächlich übertragen. Bei der Prägung werden nun aktive Verbindungen erhalten und ausgebaut, andere werden abgebaut. Danach wird die Stimme der Mutter immer sicher erkannt. Andere Stimmen jedoch können diese Neurone gar nicht mehr erregen, weil die entsprechenden Verbindungen ja abgebaut wurden. Ein sensorischer Filter ist entstanden.

Für derartige Prägungsphänomene gibt es kritische Perioden. Dies sind Zeitfenster, in denen bestimmte sensorische Erfahrungen gemacht werden müssen, damit das Gehirn sich so organisiert, dass diese Art von Information auch später noch verarbeitet werden kann. So gibt es zum Beispiel kritische Perioden zum Erwerb von Sprachlauten. Werden diese nicht gehört, dann wird das Gehirn auch keine Verbindungen zur Wahrnehmung derselben ausbauen, sondern abbauen. Das geschieht zum Beispiel bei Menschen, die in Japan aufwachsen: Dort gibt es nämlich den Sprachlaut für „r" nicht, was dazu führt, dass diese Personen ein „r", wenn sie es als Erwachsene hören, gar nicht mehr so wahrnehmen können wie wir. Sie hören dann etwas, das für sie so ähnlich klingt wie „l", da bei ihnen die sensorischen Filter für „l" aktiviert werden, wenn sie ein „r" hören. Der Japaner kann sich also so viel Mühe geben, wie er will, er wird das „r" nie so sprechen können wie wir, da er es nicht so wahrnimmt!

Je reichhaltiger also die sensorische Umgebung unserer Kinder gestaltet wird, desto mehr Verbindungen werden im Gehirn angelegt bleiben, im Sinne später ausbaubarer Fähigkeiten! Und so kann dann auch der Japaner, wenn er als Kind schon unsere Sprache hört, später ein richtiges „r" sprechen – und so kennen Sie das ja vielleicht auch. ■

Im Reich der Düfte

Gerüche sind mit Emotionen verbunden

Aromatherapien mit natürlichen ätherischen Ölen sind „in" und versprechen Gesundheit und Wohlbefinden. Was ist dran an diesen heilsamen Düften?

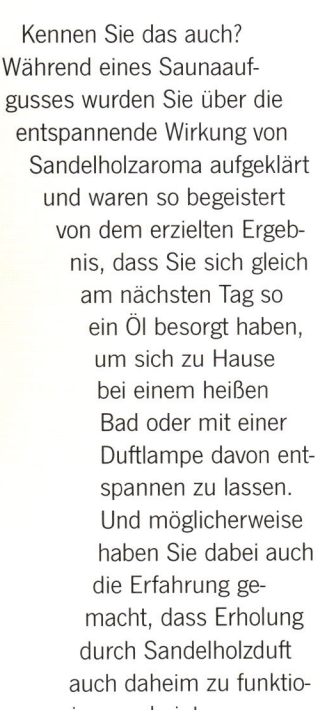

Kennen Sie das auch? Während eines Saunaaufgusses wurden Sie über die entspannende Wirkung von Sandelholzaroma aufgeklärt und waren so begeistert von dem erzielten Ergebnis, dass Sie sich gleich am nächsten Tag so ein Öl besorgt haben, um sich zu Hause bei einem heißen Bad oder mit einer Duftlampe davon entspannen zu lassen. Und möglicherweise haben Sie dabei auch die Erfahrung gemacht, dass Erholung durch Sandelholzduft auch daheim zu funktionieren scheint.

In der Tat können Gerüche die verschiedensten Auswirkungen haben, von der erwähnten Entspannung über erregende oder aktivierende Zustände bis hin auch zu aversiven Reaktionen wie Übelkeit oder Ekel.

Dass Düfte diese Effekte auf uns haben, beruht dabei allerdings nicht, wie gemeinhin angenommen, auf physiologischen Wirkungen der Duftstoffe selbst, sondern auf erlernten Assoziationen, die wir mit ihnen verbinden! ▸

Der Duft als solcher hat keinerlei arzneiähnliche Wirkung! Das mag enttäuschend klingen, ist es aber nicht, denn gerade dieser Wirkmechanismus macht Düfte potenziell so enorm effektiv. Warum ist das so?

Im Gegensatz zu den anderen Sinnesorganen ist unser Riechorgan besonders stark mit dem sogenannten limbischen System verbunden. Zu diesem evolutiv sehr alten Teil des Gehirns gehören Regionen wie der Mandelkern (Amygdala), der für emotionale Reaktionen und emotionales Lernen zuständig ist oder der Hippocampus, eine zentrale Struktur zur Bildung von deklarativem Gedächtnis. Wie Untersuchungen im Kernspintomografen zeigen, wird besonders die Amygdala stark durch Gerüche aktiviert, ein Befund, mit dem oft erklärt wird, warum besonders Gerüche sehr gefühlsbetonte Erinnerungen hervorrufen können.

Wenn Sie also zum ersten Mal einen neuen Duft wahrnehmen, wie etwa das Sandelholz in der Sauna, so speichert Ihr Gehirn automatisch eine Assoziation zwischen diesem Geruch und der Situation ab, in der Sie ihn zuerst wahrgenommen haben. Und wenn diese Situation entspannend

war, dann wird dieses Aroma in Zukunft auch wieder Entspannung bei Ihnen hervorrufen – Sie haben sich auf diesen Duft konditioniert!

Diese Technik kann man sich zum Beispiel auch dazu zu Nutze machen, in bestimmten Situationen gewünschte Zustände herbeizuführen, etwa zum Stressabbau bei Prüfungen.

Hinzu kommt, dass die empfundene Wirkung von Düften sehr stark durch sprachliche Suggestion manipuliert werden kann: Wenn Ihnen in der Sauna gesagt wird, ein Duft wirke entspannend, dann tut er das auch. Das heißt, die Bewertung und Wirkung wird maßgeblich durch unsere Erfahrungen und Erwartungen bestimmt und nahezu überhaupt nicht durch den Duftstoff. So kann dieser die Herzfrequenz steigern oder senken, je nachdem, ob Ihnen gesagt wurde, er sei anregend oder beruhigend.

Es erklären sich auch kulturelle Vorlieben wie die Tatsache, dass bestimmte Speisen in manchen Ländern als Delikatesse, in anderen als ekelerregend gelten, etwa bei tausendjährigen Eiern – die kennen Sie vielleicht ja auch. ■

Unerwünschte Knalleffekte

Für HNO-Ärzte beginnen alle Jahre gleich

Tausende von Patienten mit Hörstörungen und Tinnitus
strömen nach Neujahr allein in Deutschland in die
Arztpraxen. Diagnose: Knalltrauma durch Feuerwerkskörper.
Bleibende Schäden sind hier mitunter
nur schwer zu behandeln.

Kennen Sie das auch? So ein leichtes Taubheits-
gefühl verbunden mit Ohrensausen (Tinnitus,
vgl. S. 18/19), nachdem das Gehör außerge-
wöhnlich belastet wurde, etwa bei einem Rock-
konzert oder durch ein Feuerwerk, bei dem Sie
den Böllern zu nah gekommen sind? Während
es sich bei ersterem um eine Dauerbelastung
des Gehörs handelt, an die sich das Ohr noch in
gewissen Grenzen anpassen kann, sind plötzlich
auftretende, ungewöhnlich laute Schallereignisse
wie die von Silvesterknallern oder Handfeuerwaf-
fen produzierten besonders gefährlich, da dem
Gehör hier keine Anpassungszeit bleibt: So lösen über 140 dB SPL[1] laute, kurze Detonationen
unter 1,5 Millisekunden oft Knall-, längere dagegen eher Explosionstraumen aus. Während es
dabei in beiden Fällen zu einer Schädigung des
Innenohrs kommen kann, zeichnen sich Explosionstraumen zusätzlich durch das Zerreißen des
Trommelfells aus. Was genau aber passiert in

Ihrem Ohr, wenn Sie beim Silvesterböllern zu unvorsichtig waren – und
wie sind bleibende Schäden zu behandeln oder besser zu vermeiden?

Um dies zu verstehen, verfolgen wir einmal den Weg der schädigenden Schall-
welle von der Ohrmuschel bis ins Innenohr: Die Druckwelle wird dabei zunächst

---

[1] dB = Dezibel, SPL = sound pressure level; db SPL = relatives Maß für die Lautstärke

vom Gehörgang zum Trommelfell geleitet, versetzt dieses in Schwingung und in der Folge auch die Gehörknöchelchen des Mittelohres, die die Energie des Schalls mechanisch auf die flüssigkeitsgefüllte Cochlea, die „Schnecke" des Innenohrs, übertragen. In ihr befinden sich die eigentlichen Sinneszellen, die Haarzellen, die das Schallereignis in elektrische Impulse übersetzen, die dann zum Gehirn weitergeleitet und dort analysiert werden können. Dabei werden

durch die Schwingungen feine Sinneshärchen, die Stereozilien, abgeknickt. Diese sind so empfindlich, dass sie die Haarzellen bereits bei einer Auslenkung von 1 Ångström (10^{-10} m) aktivieren.

Ist der Schall nun zu laut, können diese feinen Sensoren beschädigt werden und sind dann in ihrer Funktion eingeschränkt, woraus insbesondere im Hochtonbereich ein Hörschwellenverlust und in der Folge Tinnitus resultiert. Diese Symptomatik des Knalltraumas verschwindet häufig innerhalb weniger Tage, doch es kann auch zu bleibenden Hörschädigungen kommen, wenn die Haarzellen wegen der Überlastung absterben.

An diesem Tod der Haarzellen ist ein biochemischer Signalweg beteiligt, der, wie tierexperimentelle Befunde und erste klinische Erprobungen belegen, durch einen Inhibitor[2] eines Enzyms dieses Signalweges das Absterben vieler Haarzellen verhindert und den Hörschaden so vermeiden oder zumindest mildern kann. Andere Maßnahmen wie die Gabe von Kortikosteroiden oder Antioxidantien können ebenfalls vorbeugend wirken. Knackpunkt dabei ist, dass für diese Behandlungen nur ein sehr kurzes Zeitfenster (maximal 24 Stunden) nach dem Trauma zur Verfügung steht. Wenn Sie betroffen sind, warten Sie also nicht lange, sondern gehen Sie direkt zum HNO-Arzt, dann haben Sie die besten Chancen auf einen Heilungserfolg – und so kennen Sie das ja sicherlich auch ... ■

---

[2] Inhibitor = hemmend wirkender Stoff

Der Verlust der Stille

Chronischer Tinnitus

Chronischer Tinnitus – das Ohrgeräusch oder Ohrensausen – bedeutet für Betroffene oft einen enormen Leidensdruck, der nicht selten zum Suizid führt. Aber wie kommt es eigentlich zu dieser Hörempfindung in Abwesenheit eines externen Schallereignisses?

Kennen Sie das auch? Sie hören ein Pfeifen, Rumpeln oder Rauschen, und können doch keine Quelle dieses Geräuschs ausfindig machen. Sie befinden sich eigentlich in einem vollkommen ruhigen Raum, und doch ist Ihnen keine Stille gegönnt. Wenn Sie solches schon einmal erlebt haben, so haben Sie, zumindest kurzfristig, einen Tinnitus wahrgenommen. Dieser kann vorübergehend etwa in Folge des Besuchs eines lauten Rockkonzerts auftreten, doch wenn das Geräusch bleibt, ist er möglicherweise chronisch geworden.

Dieses Phänomen ist, obwohl seit nahezu 3 000 Jahren bekannt, nach wie vor nur sehr unzureichend zu behandeln. Der Grund dafür ist, dass die Ursache dieses störenden Tones nicht, wie vielfach angenommen, im Ohr, sondern im Gehirn zu suchen ist: In unserem Innenohr befinden sich Zellen, die die mechanischen Schwingungen eines Geräuschs in elektrische Signale umwandeln und zur weiteren Analyse an das Hirn weiterleiten. Dabei zerlegt das Ohr den Schall in seine Frequenzanteile, hohe und tiefe Töne, und ordnet sie ähnlich wie die Tasten auf einem Klavier. Ist das Innenohr an einer Stelle

beschädigt, so fehlen gewissermaßen einige Tasten auf der Klaviatur oder sie produzieren keinen sauberen Ton.

Das Problem besteht nun darin, dass das Gehirn nicht nur erregende Nervenimpulse von den geschädigten Stellen des Ohrs erwartet, sondern dass auch hemmende Verbindungen zwischen den einzelnen Klaviertasten bestehen, die nun ebenfalls schwächer aktiviert werden. In den Randbereichen der Schädigung fehlen also hemmende Einflüsse auf die intakten Bereiche der Klaviatur, und diese können so stärker aktiviert bleiben, als es dem Geräusch entspricht. Dieses Ungleichgewicht zwischen erregenden und hemmenden Nervenverbindungen wird im Gehirn noch weiter verstärkt, sodass schließlich in der Großhirnrinde, der für die bewusste Wahrnehmung relevanten Struktur, Aktivitäten entstehen, obwohl gar kein Schallsignal anliegt – Sie hören einen Tinnitus.

Chronisch wird dieses Phänomen dadurch, dass die unerwartete Wahrnehmung viele Menschen beunruhigt: sie empfinden Angst vor einer schweren, potenziell vielleicht lebensbedrohlichen Krankheit – welche faktisch aber nicht existiert. Diese Emotionen führen über das limbische System dazu, dass sich die Klaviatur in Ihrer Hirnrinde verändert: die fehlerhaft aktiven Tasten werden breiter! Chronischer Tinnitus ist also ein Phänomen, das auf plastischen Veränderungen der Verbindungen zwischen den Neuronen im zentralen Nervensystem beruht, also gewissermaßen erlernt ist. Er ist daher auch nicht medikamentös zu behandeln, sondern muss wieder „verlernt" werden. Der Schlüssel hierzu liegt in einer aktiven Gelassenheit: Nehmen Sie den Patienten die Angst und empfehlen Sie aktives Weghören. Wen der Tinnitus nicht mehr stört oder beunruhigt, sodass er ihn ignorieren kann, der wird ihn irgendwann auch wieder los. Vielleicht kennen Sie das ja auch ... ◼

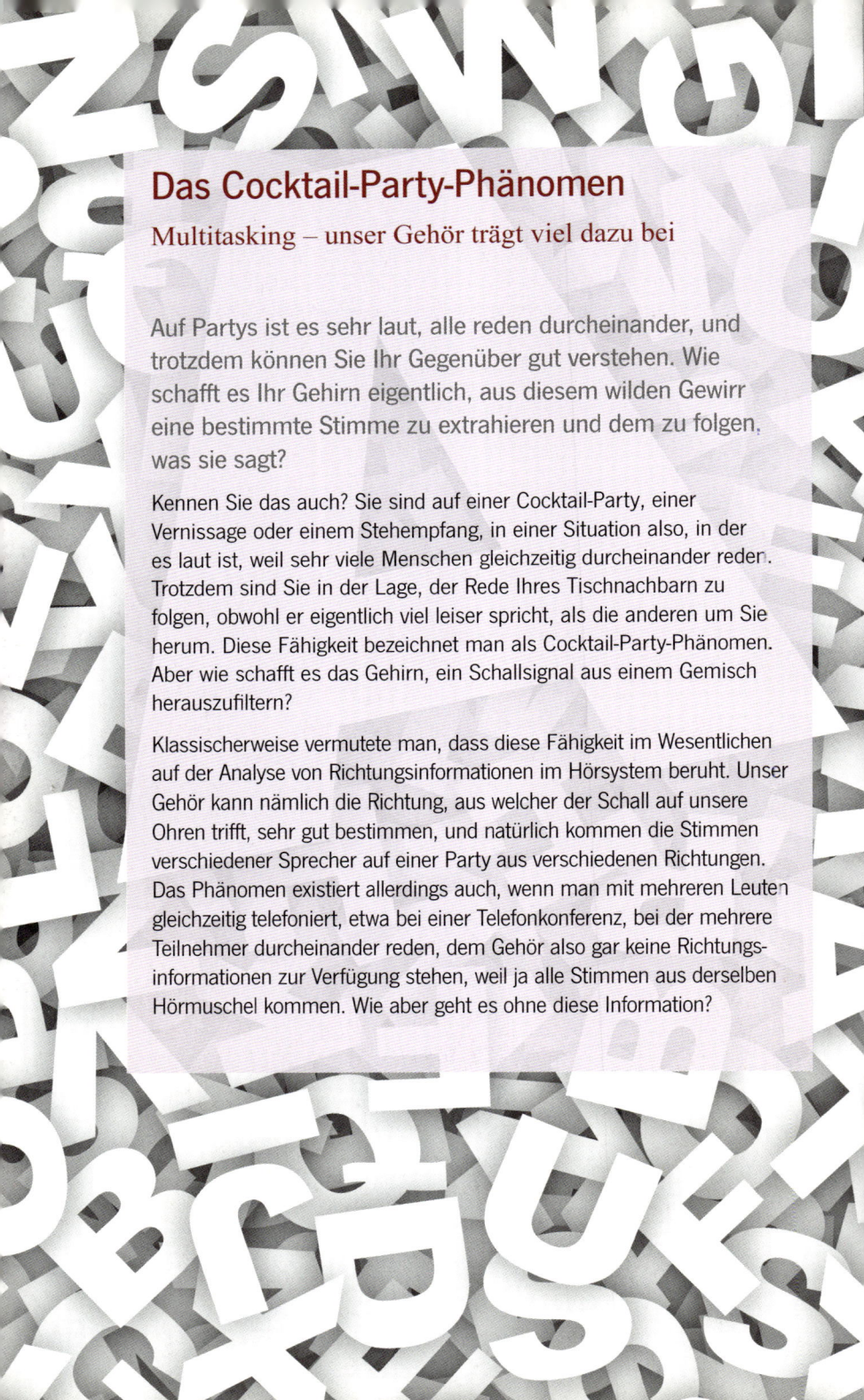

Das Cocktail-Party-Phänomen

Multitasking – unser Gehör trägt viel dazu bei

Auf Partys ist es sehr laut, alle reden durcheinander, und trotzdem können Sie Ihr Gegenüber gut verstehen. Wie schafft es Ihr Gehirn eigentlich, aus diesem wilden Gewirr eine bestimmte Stimme zu extrahieren und dem zu folgen, was sie sagt?

Kennen Sie das auch? Sie sind auf einer Cocktail-Party, einer Vernissage oder einem Stehempfang, in einer Situation also, in der es laut ist, weil sehr viele Menschen gleichzeitig durcheinander reden. Trotzdem sind Sie in der Lage, der Rede Ihres Tischnachbarn zu folgen, obwohl er eigentlich viel leiser spricht, als die anderen um Sie herum. Diese Fähigkeit bezeichnet man als Cocktail-Party-Phänomen. Aber wie schafft es das Gehirn, ein Schallsignal aus einem Gemisch herauszufiltern?

Klassischerweise vermutete man, dass diese Fähigkeit im Wesentlichen auf der Analyse von Richtungsinformationen im Hörsystem beruht. Unser Gehör kann nämlich die Richtung, aus welcher der Schall auf unsere Ohren trifft, sehr gut bestimmen, und natürlich kommen die Stimmen verschiedener Sprecher auf einer Party aus verschiedenen Richtungen. Das Phänomen existiert allerdings auch, wenn man mit mehreren Leuten gleichzeitig telefoniert, etwa bei einer Telefonkonferenz, bei der mehrere Teilnehmer durcheinander reden, dem Gehör also gar keine Richtungs-informationen zur Verfügung stehen, weil ja alle Stimmen aus derselben Hörmuschel kommen. Wie aber geht es ohne diese Information?

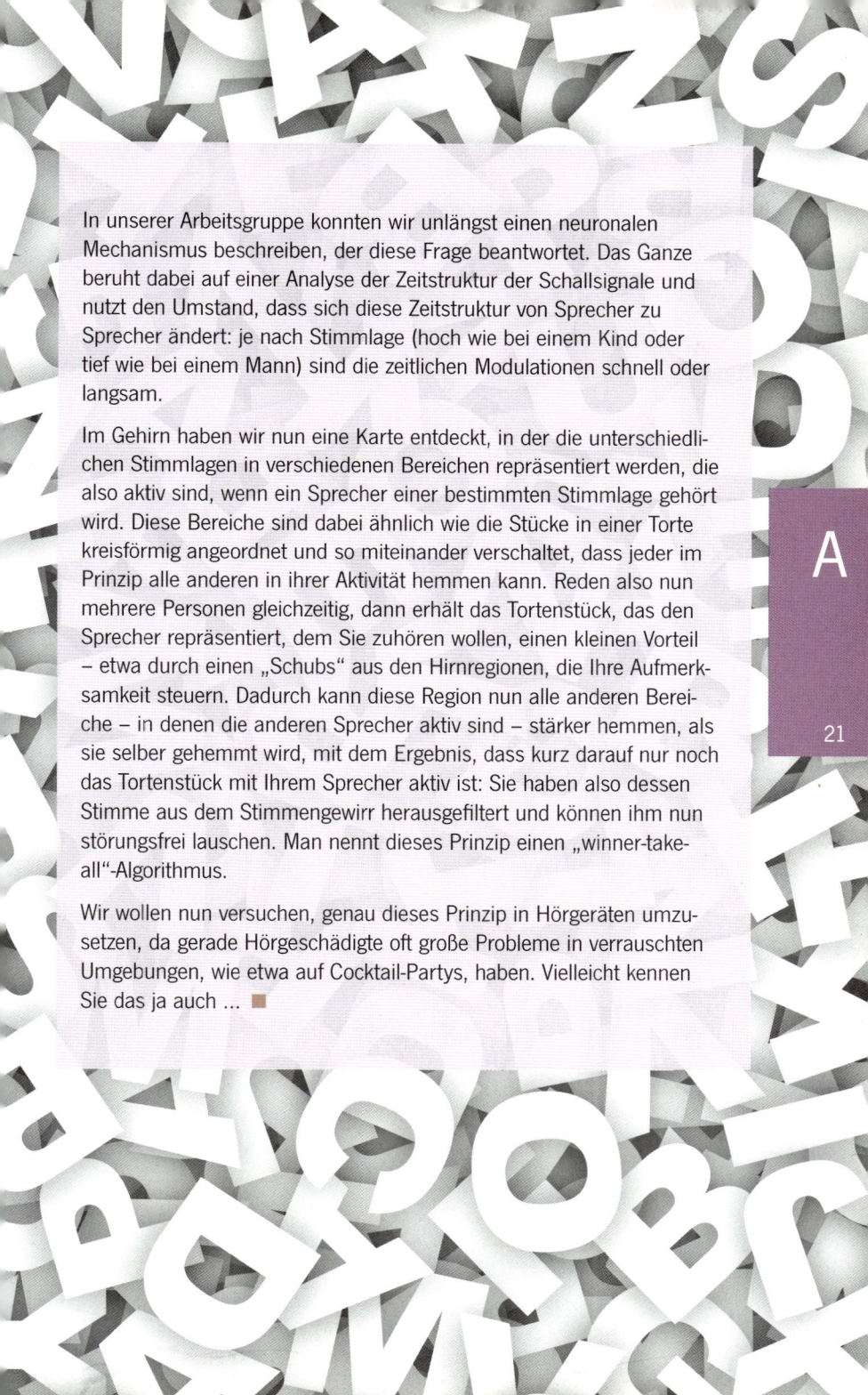

In unserer Arbeitsgruppe konnten wir unlängst einen neuronalen Mechanismus beschreiben, der diese Frage beantwortet. Das Ganze beruht dabei auf einer Analyse der Zeitstruktur der Schallsignale und nutzt den Umstand, dass sich diese Zeitstruktur von Sprecher zu Sprecher ändert: je nach Stimmlage (hoch wie bei einem Kind oder tief wie bei einem Mann) sind die zeitlichen Modulationen schnell oder langsam.

Im Gehirn haben wir nun eine Karte entdeckt, in der die unterschiedlichen Stimmlagen in verschiedenen Bereichen repräsentiert werden, die also aktiv sind, wenn ein Sprecher einer bestimmten Stimmlage gehört wird. Diese Bereiche sind dabei ähnlich wie die Stücke in einer Torte kreisförmig angeordnet und so miteinander verschaltet, dass jeder im Prinzip alle anderen in ihrer Aktivität hemmen kann. Reden also nun mehrere Personen gleichzeitig, dann erhält das Tortenstück, das den Sprecher repräsentiert, dem Sie zuhören wollen, einen kleinen Vorteil – etwa durch einen „Schubs" aus den Hirnregionen, die Ihre Aufmerksamkeit steuern. Dadurch kann diese Region nun alle anderen Bereiche – in denen die anderen Sprecher aktiv sind – stärker hemmen, als sie selber gehemmt wird, mit dem Ergebnis, dass kurz darauf nur noch das Tortenstück mit Ihrem Sprecher aktiv ist: Sie haben also dessen Stimme aus dem Stimmengewirr herausgefiltert und können ihm nun störungsfrei lauschen. Man nennt dieses Prinzip einen „winner-take-all"-Algorithmus.

Wir wollen nun versuchen, genau dieses Prinzip in Hörgeräten umzusetzen, da gerade Hörgeschädigte oft große Probleme in verrauschten Umgebungen, wie etwa auf Cocktail-Partys, haben. Vielleicht kennen Sie das ja auch ... ■

Verlernter Schwindel

Vertigo gehört zu den
mit am häufigsten ge-
äußerten Beschwerden

Schwindel
geht akut oft mit
Übelkeit und
Erbrechen einher
und führt
im chronischen
Falle zu schweren
Beeinträchtigungen
des alltäglichen,
beruflichen wie
privaten Lebens.

Kennen Sie das auch? Gerade sind Sie nach wilder Fahrt aus dem Jahrmarktskarussell ausgestiegen und immer noch scheint sich die Welt um Sie herum weiterzudrehen?

Was von den einen als willkommener Freizeitspaß, von anderen aber als unangenehmer Schwindel empfunden wird, ist im Falle der Karussellfahrt eine kurzfristige Erscheinung, die bereits nach wenigen Sekunden bis Minuten verflogen sein sollte.

Bleibt der Schwindel aber oder tritt er in alltäglichen Situationen auf, so verbirgt sich dahinter wohlmöglich eine sensorische Erkrankung. Was aber genau ist Schwindel, wie entsteht er und vor allem, wie wird man ihn wieder los? ▸

A

23

An der Wahrnehmung der eigenen Körperstellung im Raum und deren Bewegung sind mehrere sensorische Systeme beteiligt: Zum einen nehmen wir Bewegungen von uns selbst relativ zum Raum über die Augen wahr. Gleichzeitig registrieren Sensoren des sogenannten propriozeptiven Systems die Stellungen unserer Gelenke und Körperteile zueinander. Und schließlich erhalten wir vom Gleichgewichtsorgan des Innenohrs, dem Vestibularorgan, Meldungen über auf uns wirkende Schwerkraft und Bewegung (Beschleunigung) im Raum. All diese Informationen werden an einen speziellen Teil des Kleinhirns, das Vestibulocerebellum, weitergeleitet und dort miteinander verrechnet. Kommt es nun zu einer Störung in einem dieser sensorischen Systeme, so passen die unterschiedlichen Informationen nicht mehr zusammen und der Organismus reagiert mit einem Gefühl des Schwindels. Entsprechend dieses komplexen Zusammenwirkens der einzelnen Sinnessysteme sind daher auch sehr verschiedene Störungen denkbar, sind mögliche Ursachen des Schwindels vielfältig.

Das Vestibularorgan beispielsweise besteht als Teil des Innenohrs aus drei Bogengängen und zwei sackartigen Ausstülpungen an deren Basis, den Makulaorganen Utriculus und Sacculus. All diese Komponenten sind flüssigkeitsgefüllt und beherbergen als Sinneszellen Haarzellen, die anatomisch so angeordnet sind, dass von denen der Bogengänge die auf unseren Körper wirkende Beschleunigungskräfte gemessen werden können, während die Makulaorgane Gravitation messen. Führt nun eine Schädigung innerhalb dieser Organe zu Fehlwahrnehmungen, so kann das Gehirn lernen, die veränderte Information aus den geschädigten Bereichen wieder neu mit den Informationen aus den anderen beteiligten Sinnessystemen, etwa den Augen, abzugleichen. Das Gehirn lernt also, die zunächst fehlerhafte Information neu zu interpretieren, bis kein Widerspruch mehr zwischen den einzelnen Sinnessystemen besteht.
Der Schwindel wurde quasi „verlernt". Um dies zu erreichen, müssen Sie das Gehirn mit ausreichend Informationen für den Umlernprozess versorgen, indem Sie Ihre Lage im Raum durch entsprechende Bewegungstherapie (Habituationstraining) häufig verändern, um die entsprechenden Sinnessysteme anzuregen. Die unangenehmen, schwindelerregenden Bewegungen ganz zu vermeiden wäre also genau das Falsche, man muss sich bewegen, um den Schwindel zu besiegen! Kennen Sie das auch? ■

Reflexe außer Kontrolle

Das Gehirn kontrolliert das Rückenmark – bis zum Querschnitt

Das Rückenmark ist mehr als nur eine Ansammlung von Nervenfasern, die unser Gehirn mit dem Rest des Körpers verbindet: Es enthält wichtige Reflexbögen, die komplexe Bewegungsabläufe steuern können.

Kennen Sie das auch? Es ist ein Ereignis, wie es einschneidender kaum sein könnte: Die Querschnittslähmung in Folge eines Unfalls mit Durchtrennung des Rückenmarks. Selbst Menschen, die es gewohnt waren, körperliche Höchstleistungen zu vollbringen, sind vom einen auf den anderen Tag an den Rollstuhl gefesselt, können ihre Gliedmaßen unterhalb der Verletzung weder willkürlich bewegen noch spüren. Betroffen ist dabei nicht nur die Skelettmuskulatur, sondern auch viele vegetative Funktionen wie Stuhlgang, Blasenentleerung oder Sexualität.

Obwohl solche Verletzungen bis zum heutigen Tag irreversibel sind, können einige dieser Funktionen doch in gewissem Umfang wiedererlangt bzw. neu erlernt werden. Dabei kommt dem Rückenmark eine Schlüsselrolle zu. Wieso? Im Rückenmark als Teil des zentralen Nervensystems sind Neurone zu einer Reihe von Reflexwegen verschaltet: Sensible Informationen aus der Peripherie werden hier teilweise direkt auf Motorneurone umgeschaltet, sodass sich etwa ein Muskel bei Dehnung reflexartig zusammenzieht (monosynaptischer Muskeldehnungsreflex), ohne dass es dazu einer Beteiligung des Gehirns bedarf.

Neben solchen Schutzreflexen spielen Reflexe aber auch eine wichtige Rolle beim aufrechten Gang. Die Motorprogramme des Rückenmarks sind dabei so kom-

plex, dass etwa eine querschnittsgelähmte Katze nach einiger Zeit wieder nahezu normale, rein rückenmarksgesteuerte Gehbewegungen an den Hinterbeinen zeigen kann. Allerdings fehlt die Koordination mit den Vorderbeinen, da hierzu die Kontrolle der absteigenden Nervenbahnen aus dem Gehirn nötig ist.

Bei Primaten und damit auch dem Menschen nun ist diese absteigende Kontrolle besonders stark ausgebildet und ihr Wegfall hat für den Patienten daher zunächst einen völligen Ausfall aller motorischen und vegetativen Reflexe zur Folge (Querschnittsareflexie, spinaler Schock), da die erregenden Eingänge aus dem Gehirn fehlen. Nach ein bis sechs Monaten jedoch verschwindet diese Symptomatik: Nach und nach sinken die Schwellen zur Auslösung der spinale Reflexe, sodass das Rückenmark autonom Bewegungen erzeugen kann.

Dies geht so weit, dass bereits leichte Berührungen ausreichen, um langanhaltende Beugereflexe auszulösen (Querschnittshyperreflexie). Diese Reflexe kann sich der Patient dann zunutze machen, um etwa das kontrollierte Entleeren der Blase wiederzuerlernen. Freilich ist dies keine echte Heilung: Das Rückenmark bleibt zertrennt. Echte Heilung erhofft man sich von neuen Therapieansätzen, bei denen neuronale Stammzellen oder bestimmte Signalproteine (Neurotrophine) in die verletzte Rückenmarksregion eingebracht werden, wo sie neues Nervengewebe bilden, noch vorhandenes wachsen lassen bzw. dessen Absterben verhindern sollen, um so die zerstörten Nervenbahnen wiederherzustellen.

Neueste Erfolge an Primaten lassen hoffen, dass derartige Therapieansätze schließlich auch für die Behandlung von menschlichen Patienten zur Verfügung stehen werden. Und irgendwann einmal, hoffentlich, kennen wir das dann auch... ■

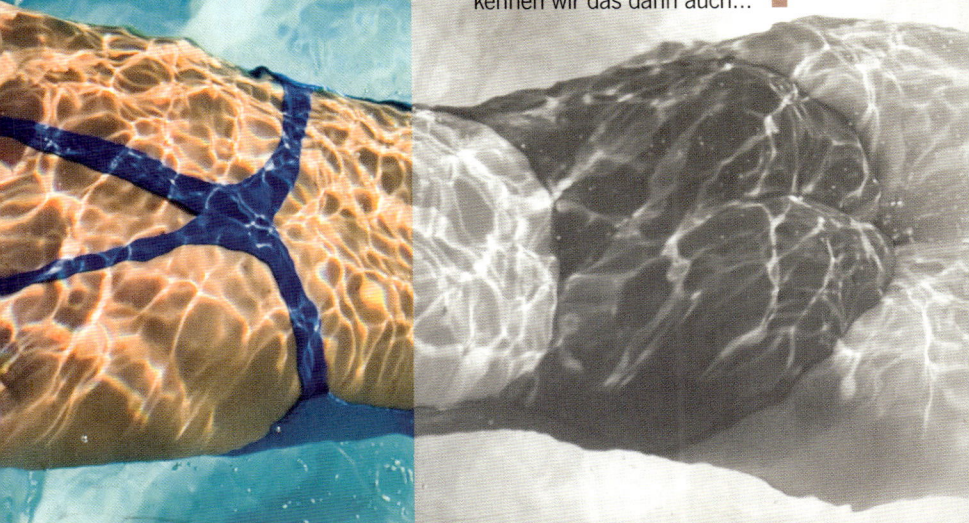

Neuroprothesen

Kommunikation zwischen Nervensystem und Maschine ist keine Science-Fiction

Neuroprothesen können dort, wo eine Heilung nicht möglich ist, dazu dienen, durch Unfall oder Krankheit verloren gegangene motorische oder sensorische Funktionen wieder herzustellen.

Kennen Sie das auch? Captain Picard hat die Enterprise gerade noch aus einer scheinbar ausweglosen Lage gerettet, aber trotzdem bleibt das schale Gefühl zurück, dass die Borg, diese Symbiose aus humanoiden Aliens und implantierten technischen Körperteilen, irgendwie überlegen waren? Und Sie sind froh, dass das alles nur Science-fiction ist? Nun, vielleicht nicht ganz.

Neuroprothesen rücken zunehmend ins Blickfeld der medizinischen Forschung. Ziel ist es dabei, durch Unfall oder Krankheit verlorengegangene motorische oder sensorische Funktionen durch ein technisches, mit dem Nervensystem verbundenes Gerät zu ersetzen oder zumindest nachzuahmen, um Patienten so eine größere Selbstständigkeit und Lebensqualität zurückzugeben. Zu diesem Zweck werden Mikroelektroden im Nervensystem implantiert – je nach Problem an unterschiedlichen Orten. Nervenzellen können dann künstlich aktiviert oder gehemmt werden, oder es kann ihre Aktivität gemessen werden, sodass im Prinzip eine Kommunikation zwischen Nervensystem und Maschine möglich wird. Im Prinzip ...

Die bislang erfolgreichste Neuroprothese ist das Cochlea-Implantat. Hier werden bei Patienten, die wegen einer Innenohrschädigung taub wurden, eine Reihe von Elektrodenkontakten so implantiert, dass der Hörnerv direkt stimuliert werden kann. Auch wenn der dabei hervorgerufene Klangeindruck sich deutlich von dem Normalhörender unterscheidet, so sind die Patienten mit etwas Training doch meist in der Lage, Sprache zu verstehen. Gehörlosen Kindern etwa kann so oft erst der Besuch einer Regelschule ermöglicht werden. Nach einem ganz ähnlichen Prinzip wird auch versucht, Retina-Implantate für Blinde zur Stimulation des Sehnervs zu entwickeln – bislang zwar noch mit mäßigem Erfolg, aber die Forschung macht Fortschritte.

Weit schwieriger ist die Situation bei Patienten mit Schädigungen der sensorischen Nerven selbst, da hier eine Versorgung mit peripheren Stimulationsgeräten nicht in Frage kommt. Um diesen Menschen zu helfen, wird versucht, direkt in den sensorischen Arealen der Großhirnrinde zu stimulieren. Diese Versuche sind aber bislang über die Erzeugung einfachster Sinneseindrücke wie etwa einzelner Lichtblitze nicht hinausgekommen. Die Ursache dafür liegt vermutlich in der komplizierten Verarbeitung innerhalb von sensorischen Bahnen, die ja bei direkter Stimulation der Hirnrinde vollständig umgangen wird. Also müssen die Forscher zunächst versuchen, die sensorische Verarbeitung im Gehirn vollständig zu verstehen, um sinnvoll eingreifen zu können.

Doch nicht immer ist eine nutzbare Stimulation im Gehirn selbst so kompliziert. Außerordentlich erfolgreich wird bereits die Tiefenhirnstimulation eingesetzt („Hirnschrittmacher"), etwa bei Parkinsonpatienten, die dadurch wieder weitgehend ihre motorische Koordinationsfähigkeit zurückerlangen, einfach durch Umlegen eines einzigen Schalters, so ähnlich wie bei La Forge, wenn er seinen Visor aufsetzt. Vielleicht kennen Sie das ja auch ... ◼

Stimmungen, Gefühle & Co.

Neben den verschiedenen Sinneseindrücken, mit denen wir uns im ersten Abschnitt dieses Buches befasst haben, existiert noch eine zweite große Klasse von Empfindungen, die wir Menschen bewusst wahrnehmen können: Die Stimmungen und Gefühle, Lüste und Gelüste, also allgemein unsere Emotionen. Im Gegensatz zu den Sinnesorganen, die uns wie beschrieben physikalische und chemische Informationen über unsere äußere und innere Welt liefern, die dann im Gehirn die entsprechenden Wahrnehmungen auslösen, entstehen die Emotionen im Gehirn selbst.

Natürlich gibt es Wechselwirkungen zwischen Sinneseindrücken und Emotionen: Zum einen kann das, was wir durch unsere Sinne wahrnehmen, starke Emotionen auslösen: Das Betrachten bestimmter Bilder beispielsweise kann Angst machen oder Traurigkeit auslösen, aber auch Freude oder sexuelle Erregung. Gerüche von Speisen lösen Gelüste oder Ekel aus. Bei diesen wenigen Beispielen wird bereits deutlich, dass Emotionen ein wichtiger Teil unseres internen Bewertungssystems sind, das uns hilft zu entscheiden, wie wir mit bestimmten Situationen umzugehen haben. Sie haben das letzte Wort bei allen Entscheidungen, die wir treffen. Viele dieser Bewertungsschemata sind dabei erlernt, zum Beispiel welche Speisen genießbar sind oder welche wir lieber meiden sollten. Andere sind eher genetisch bedingt und haben sich über lange Zeiträume evolutiv herausgebildet, etwa die Schlüsselreize, nach denen wir potenzielle Sexualpartner auswählen.

Da Emotionen so ein wichtiger Bestandteil dieses Bewertungssystems sind, können unsere Emotionen zum anderen daher auch umgekehrt unsere Wahrnehmungen beeinflussen: Der Sinn eines Satzes etwa kann völlig anders verstanden werden, je nachdem ob man gerade gut oder schlecht „drauf" ist. Ein eigentlich neutraler Satz wie „Was gibt's denn zum Essen, Liebling?" kann in Abhängigkeit der Stimmung Ihres Lieblings zu völlig unterschiedlichen Reaktionen führen! (Sie wissen sicher, was ich meine...)

Und schließlich verkompliziert die Tatsache, dass unsere Stimmungen ganz wesentlich durch Hormone beeinflusst werden, das Geflecht aus Sinneseindrücken (also aktuellen Informationen), erlernten Erfahrungen (also „alten" Informationen und Konzepten) und Emotionen (Bewertungssystemen) noch zusätzlich.

Diesem komplizierten Geflecht wollen wir uns im folgenden Abschnitt ein wenig zu nähern versuchen: Wir verlassen also unsere Außenwelt und begeben uns auf einige weitere Streifzüge, tiefer hinein in unser Gehirn...

Käffchen?

Koffein erhöht die Freisetzung von Dopamin

Koffein wird oft mit gesundheitlichen Risiken in Verbindung gebracht. Doch es kann auch vor neurodegenerativen Erkrankungen wie Alzheimer und Parkinson schützen.

Kennen Sie das auch? Die Lust auf eine Tasse frischen Kaffee am Morgen oder auch nachmittags? Sicherlich. Gerade bei dem Kaffee zum Kuchen am Nachmittag hatten Sie dann vielleicht die Sorge, ob Sie heute nicht schon zuviel des anregenden Getränks konsumiert hätten: Können Sie sich noch eine weitere Tasse leisten, ohne zum Beispiel sofort Bluthochdruck (Hypertonie) zu riskieren? Nun, in diesem Punkt kann ich Sie erst einmal beruhigen: Zwar ist ein Zusammenhang zwischen Koffeinkonsum und Hypertonie beschrieben worden, allerdings nicht in Zusammenhang mit Kaffee – sondern vielmehr mit Cola-Konsum. Aber Kaffee, genauer, das Koffein im Kaffee, kann auch viel Gutes! Beispielsweise mehren sich die Hinweise, dass es vor den beiden wohl bekanntesten neurologischen Erkrankungen unserer Zeit schützt, vor Alzheimer und Parkinson!

Beginnen wir mit der Alzheimer-Krankheit. Diese schwere Form der Demenz zeichnet sich durch massive Lernstörungen, Verlust insbesondere des Kurzzeitgedächtnisses und – in späteren Stadien damit einhergehend – mitunter drastischen Persönlichkeitsveränderungen aus. Auffälligste Veränderung in den Gehirnen der Patienten sind Ablagerungen von sogenannten Beta-Amyloid-Peptiden. In Humanstudien konnte gezeigt werden, dass Koffein offenbar das Alzheimerrisiko senkt. Zusätzlich konnte mittlerweile im Tierexperiment nachgewiesen werden, dass die Substanz die Menge an diesen Beta-Amyloid-Peptiden im Gehirn reduziert. Auch verbesserte Koffein bei Mäusen bestimmte, durch Beta-Amyloid-Peptide hervorgerufene kognitive Defizite, die denen bei Alzheimer-Patienten vergleichbar sind. Ob dies allerdings auch der Wirkungsmechanismus ist, ist bislang noch unklar.

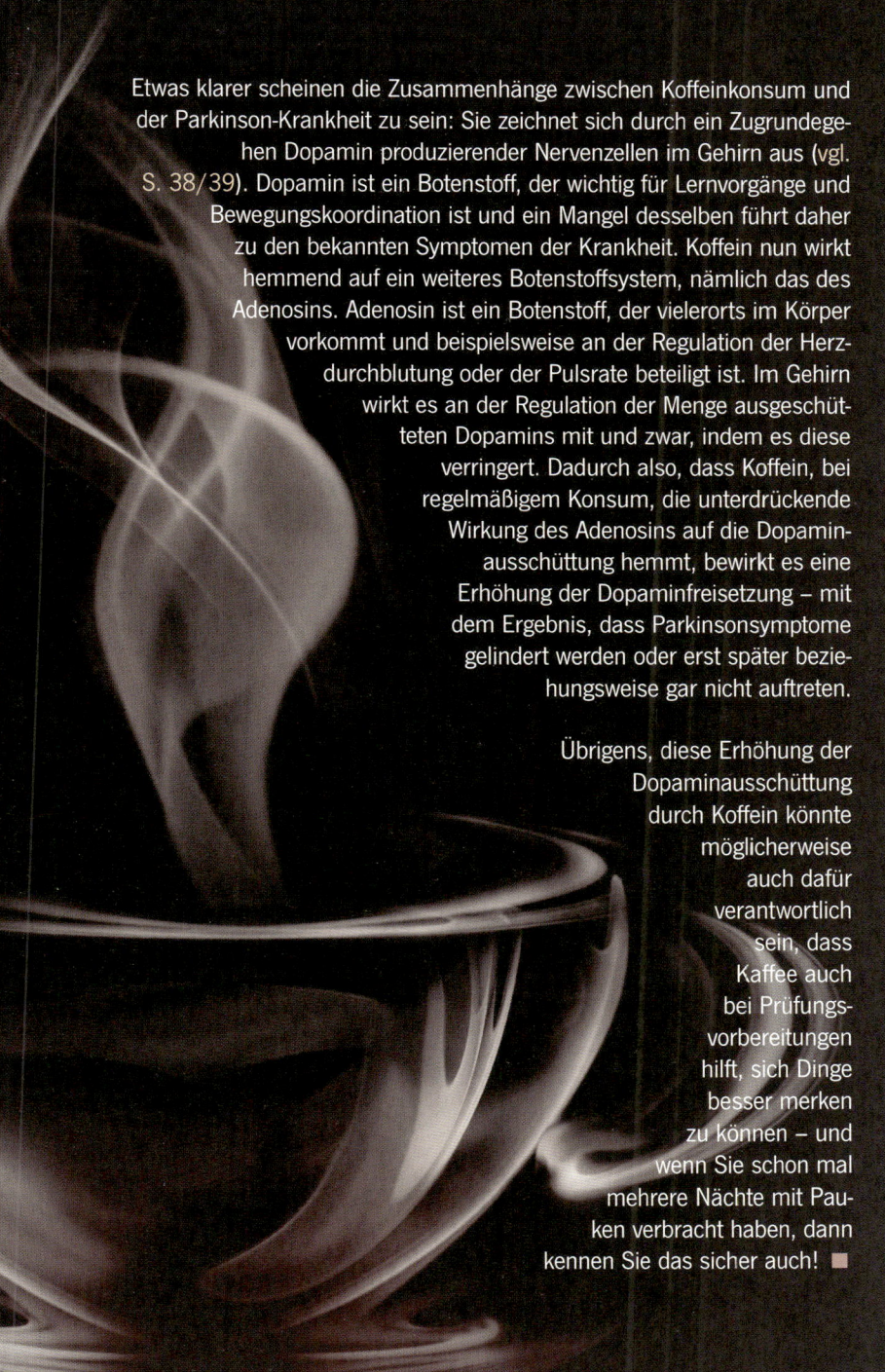

Etwas klarer scheinen die Zusammenhänge zwischen Koffeinkonsum und der Parkinson-Krankheit zu sein: Sie zeichnet sich durch ein Zugrundegehen Dopamin produzierender Nervenzellen im Gehirn aus (vgl. S. 38/39). Dopamin ist ein Botenstoff, der wichtig für Lernvorgänge und Bewegungskoordination ist und ein Mangel desselben führt daher zu den bekannten Symptomen der Krankheit. Koffein nun wirkt hemmend auf ein weiteres Botenstoffsystem, nämlich das des Adenosins. Adenosin ist ein Botenstoff, der vielerorts im Körper vorkommt und beispielsweise an der Regulation der Herzdurchblutung oder der Pulsrate beteiligt ist. Im Gehirn wirkt es an der Regulation der Menge ausgeschütteten Dopamins mit und zwar, indem es diese verringert. Dadurch also, dass Koffein, bei regelmäßigem Konsum, die unterdrückende Wirkung des Adenosins auf die Dopaminausschüttung hemmt, bewirkt es eine Erhöhung der Dopaminfreisetzung – mit dem Ergebnis, dass Parkinsonsymptome gelindert werden oder erst später beziehungsweise gar nicht auftreten.

Übrigens, diese Erhöhung der Dopaminausschüttung durch Koffein könnte möglicherweise auch dafür verantwortlich sein, dass Kaffee auch bei Prüfungsvorbereitungen hilft, sich Dinge besser merken zu können – und wenn Sie schon mal mehrere Nächte mit Pauken verbracht haben, dann kennen Sie das sicher auch! ■

Gefährliche Spaßverderber

Neuroleptika
sind seit den 1950er Jahren bekannt

Neuroleptika blockieren Dopaminrezeptoren und verhindern so die Wirkung dieses zentralen Botenstoffs in Gehirn, Herz-Kreislauf-System und Niere. Trotz der daraus resultierenden Nebenwirkungen werden sie zunehmend verschrieben.

Kennen Sie das auch? Es ist soweit: Ein geliebter, älterer Mensch, vielleicht die eigene Mutter oder der eigene Vater, entwickelt deutliche Symptome einer Demenz. Er wird vergesslich, zunehmend unselbstständig und schließlich zum Pflegefall. In vielen Familien wird diese Pflege dementer Angehöriger dann mit großer Hingabe geleistet. Für die Pflegenden sind dabei die mit einer Demenz oft einhergehenden Persönlichkeitsveränderungen des geliebten Menschen viel belastender als die mit der Pflege verbundenen körperlichen Anstrengungen. Sie empfinden die typische Aggressivität und Unbeherrschtheit als zutiefst verletzend und können die Situation schließlich seelisch nicht mehr ertragen. Der letzte Ausweg ist dann meist ein Pflegeheim. Und hier erleben die Angehörigen dann oft eine scheinbar positive Überraschung, denn der eben noch so aggressive und störrische Elternteil wirkt nach ein paar Wochen im Heim wie ausgewechselt, ruhig und friedlich. Doch hier ist Vorsicht geboten, denn es könnte sein, dass der alte, unbequeme Mensch mit einem Neuroleptikum behandelt wurde und zwar einfach nur, um ihn „ruhig zu stellen". Wie aber wirken Neuroleptika, und warum sind sie potentiell so gefährlich?

Neuroleptika sind spätestens seit den 90ern in ihrer Anwendung heftigst umstritten. Das liegt an ihrer Wirkungsweise und den damit verbundenen massiven Nebenwirkungen: Neuroleptika blockieren Dopaminrezeptoren.

Aus anderen Kapiteln dieses Buches wissen Sie, dass der Botenstoff Dopamin zahlreiche wichtige Funktionen in unserem Gehirn hat, ist er doch von zentraler Bedeutung für Lernvorgänge (Langzeitgedächtnis-bildung), Motivation (inneres Belohnungssystem, Freude am Erfolg) und Bewegungskoordination. Darüber hinaus wirkt er auf Herz-Kreislaufsystem und Niere. Dementsprechend führt eine Unterbindung der Dopaminwirkung durch Neuroleptika zu Gedächtnisstörungen, Abstumpfung, Freudlosigkeit, innerer Leere und Depression bis hin zum Suizid (die Menschen empfinden sich als lebende Tote), Störungen der Motorik (Parkinson), Herz-Kreislauf-Störungen, Schlaganfall, Gewichts-zunahme, Diabetes, gesteigerter Mortalitätsrate u.v.m. Ursprünglich bei Schizophrenie mit teilweise gutem Erfolg eingesetzt, da man hier eine vermutete Überaktivität des dopaminergen Systems behandelt, werden Neuroleptika heute in vielen Industrienationen wie etwa den USA oder Deutschland trotz der verheerenden Nebenwirkungen immer häufiger verschrieben, selbst wenn keine zwingende Indikation dafür vorliegt und es alternative Behandlungsmethoden gäbe wie im Falle der Demenz. Besonders alarmierend sind dabei die steigenden Verschreibungszah-len bei Kindern, denn das Gehirn wehrt sich gegen die Psychoblocker mit gesteigerter Dopaminproduktion und vermehrtem Rezeptorbesatz der Neurone, bis das ganze System irreparabel aus dem Gleichgewicht gerät. Wenn dies geschieht, ist die Persönlichkeit des einst geliebten Menschen für immer verändert oder zerstört – ich hoffe, das kennen Sie nicht ... ■

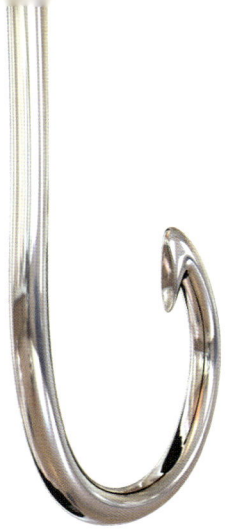

Kopf oder Bauch?

Auch Ökonomen interessieren sich für Neurobiologie

Wir treffen Entscheidungen nicht nach rein rationalen Erwägungen wie Computer. Viel wichtiger sind persönliche Erfahrungen, Stress, Müdigkeit und insbesondere Emotionen.

Kennen Sie das auch? Sie planen eine Urlaubsreise und haben eigentlich wenig Ansprüche: Ans Meer soll es gehen, in ein gepflegtes Hotel mit gutem Preis-Leistungs-Verhältnis. Dann beginnen Sie Prospekte zu wälzen, besuchen ein Reisebüro, informieren sich im Internet – und je mehr Informationen Sie sammeln, desto ratloser sind Sie, wofür Sie sich entscheiden sollen. Und zum Schluss buchen Sie ein Hotel, in dem Sie schon mal waren, oder eines, das Ihnen „irgendwie gefällt", obwohl alle Fakten eher für ein anderes sprechen.

Seit einiger Zeit interessieren sich auch Wirtschaftswissenschaftler für die Neurobiologie solcher Entscheidungsprozesse. In der Wirtschaft möchte man nämlich möglichst genau vorhersagen können, wie zum

Beispiel Kunden bestimmte Kaufentscheidungen treffen. Dabei fiel auf, dass Modelle, die auf Gewinnmaximierung und Risikominimierung ausgelegt sind, regelmäßig versagen. Fragen Sie zum Beispiel Testpersonen, ob sie bei einem Gewinnspiel lieber sofort acht anstatt erst in einem Monat zehn Euro erhalten wollten, entscheiden sich viele für den kurzfristigen, geringeren Gewinn als für die Aussicht auf einen höheren. Diese Erkenntnis, dass menschliche Entscheidungen eben nicht auf rein rationalen Erwägungen beruhen, mündete in einer neuen Wissenschaftsdisziplin, den sogenannten Neuroeconomics. Warum aber entscheiden wir nicht rein rational und wie trifft man überhaupt eine gute Wahl?

Um eine rationale Entscheidung zu treffen, muss sich unser Gehirn die relevanten Informationen bewusst machen und abwägen. Dazu müssen sie in unserem Arbeitsgedächtnis gespeichert und verarbeitet werden. Dieser Kurzzeitspeicher im Stirnhirn hat aber nur eine sehr geringe Kapazität. Daher funktionieren rationale Entscheidungen gut bei einfachen Problemen, aber leider sehr schlecht bei komplexen Problemen: Je mehr Fakten Sie zu einem Problem sammeln, desto schlechter wird vermutlich Ihre Wahl, wenn Sie sie rein rational treffen wollen – was übrigens gar nicht geht, da Emotionen immer das letzte Wort haben!

Abzuraten ist aber auch von rein emotionalen „Bauch"-Entscheidungen: Ihre Motive sind oft unklar und das Ergebnis wenig zielgerichtet und unflexibel. Zudem ist zu beachten, dass jede Art von Entscheidung im wachen, ausgeruhten Zustand getroffen werden sollte und dabei auch ausgesprochen stark und negativ von Stresssituationen beeinflusst werden kann!

Die besten Entschlüsse fassen Sie daher, nachdem Sie eine gewisse Menge an Informationen gesammelt haben, sich dann Zeit lassen, an etwas anderes denken, noch mal drüber schlafen und sich dann spontan, „intuitiv" festlegen: Derartige Entscheidungen beruhen auf dem großen Erfahrungsschatz, der in ihrem Langzeitgedächtnis abgespeichert ist, und der von Ihrem Gehirn dazu benutzt werden kann, komplexe Probleme zu lösen, ohne dass Ihnen das im Detail bewusst wird! Und wenn diese Entscheidung dann noch „emotional passt", dann können Sie am Ende auch zufrieden mit Ihrer Wahl Ihren Urlaub genießen – und so kennen Sie das sicherlich auch … ∎

Macht Schokolade süchtig?

Das süße Verlangen

Die Lust auf Schokolade bringt insbesondere Frauen immer wieder in Gewissenskonflikte. Aber wieso gerade Frauen? Und was ist Schokolade eigentlich – nur ein kalorienreiches Lebensmittel, eine Droge oder sogar ein Arzneimittel?

Kennen Sie das auch? Das Sofa ist kuschelig, der Film spannend, eigentlich ein perfekter Abend, wenn da nicht ständig die quälende Frage wäre, ob Sie sich noch ein weiteres Stückchen Schokolade gönnen dürfen oder nicht? Dabei existiert kein anderes Nahrungsmittel, das so häufig Gegenstand von Essbegierden ist wie Schokolade, die etwa die Hälfte aller Essgelüste ausmacht. Einige Symptome der Schokoladenlust wie das durch nichts anderes stillbare Verlangen oder leichte Entzugserscheinungen ähneln dabei denen einer Sucht, sodass besonders stark betroffene Personen gelegentlich schon als „Schokoholiker" bezeichnet wurden. Was aber ist eigentlich das Besondere an Schokolade?

Kakao, die Basis einer jeden Schokolade, wurde ursprünglich von den frühen Hochkulturen Mittelamerikas, den Inkas, Mayas und Azteken, kultiviert und war als „göttliches Geschenk" nur den Reichen und Mächtigen zugänglich. Dies blieb lange auch in Europa so, nachdem die Spanier im Jahre 1520 Kakao aus der neuen in die alte Welt importiert hatten. Schon damals hat die besondere Wirkung der Pflanze ihre Konsumenten in ihren Bann gezogen: Schokolade galt als Aphrodisiakum, ihr Genuss beruhigt und vermag glücklich zu machen, kann bestimmten Depressionen und Demenzen entgegen- und akut angstlösend wirken und bei manchen Frauen Symptome des Prämenstruellen Syndroms (PMS) lindern.

Wie bei vielen pflanzlichen Nahrungsmitteln ist auch in Kakao eine Mischung verschiedenster chemischer Substanzen enthalten und aus deren Kenntnis lassen sich zumindest einige Erklärungsansätze für die oben beschriebenen Wirkungsweisen ableiten:

Zum einen enthält Kakao biogene Amine wie Tyramin oder Phenylethylamin, welche die Wirkung von Dopamin (DA) und Noradrenalin steigern können. Insbesondere die Wirkung auf DA, das körpereigene Belohnungssystem, könnte einerseits das Glücksgefühl erklären, das Schokolade bereitet, andererseits aber auch den positiven Effekt auf Altersdemenz: So konnte in alternden Ratten durch Kakaodiät eine Stabilisierung des DA-Spiegels mit einhergehenden verbesserten kognitiven Leistungen gezeigt werden, in jungen Ratten wurde sogar ein erhöhter DA-Spiegel in verschiedenen, für Lernen und Gedächtnis relevanten Hirnregionen nachgewiesen. Zum anderen könnte auch das enthaltene Koffein derartige Wirkungen erklären (vgl. S. 32/33). Auch dem Anandamid ähnliche Substanzen, die auf Cannabinoid-Rezeptoren wirken, wären in der Lage, die Aktivität des dopaminergen Systems zu potenzieren. Schließlich könnte der sehr hohe Magnesiumgehalt des Kakaos (520 mg pro 100 g) den Magnesiummangel während des PMS (vgl. S. 44–47) ausgleichen und somit sowohl die lindernde Wirkung als auch den Heißhunger auf Schokolade gerade in dieser Zeit erklären.

Zusammengenommen scheint Schokolade sich also über eine Fülle verschiedenster Mechanismen positiv auf unsere Gesundheit und unser Wohlbefinden auszuwirken, sodass trotz des hohen Zucker- und Fettgehalts das eine oder andere Stück extra sicher guten Gewissens verzehrt werden kann – das kennen Sie sicher auch ... ◼

Und täglich grüßt die Angst...

Angst kann man verlernen

Etwa jeder zehnte Mensch leidet Schätzungen zufolge zumindest zeitweise an Angststörungen oder Phobien. Frauen sind dabei doppelt so häufig betroffen wie Männer. Chronisch Betroffene sind im Alltag oft massiv beeinträchtigt.

Kennen Sie das auch? Das Kinderspiel vom „bösen Mann", vor dem man weglaufen muss, um nicht gefangen zu werden? Die Angst ist hier nur gespielt, für viele Menschen aber sind Ängste ständige oder regelmäßig wiederkehrende Begleiter, die ihr Alltagsleben, ihr Funktionieren in der Gesellschaft mitunter massiv beeinträchtigen. Charakteristisch für solche Angststörungen ist dabei, daß sie von Personen, Objekten oder auch Situationen verursacht werden, vor denen gesunde Menschen keine Angst haben. Bei den Patienten aber lösen sie zuverlässig Angstzustände aus, selbst dann, wenn den Betroffenen rational klar ist, dass im Grunde gar keine Bedrohung vorliegt – die Angst bleibt übermächtig.

Aber wieso sind für so viele Menschen diese tief sitzenden Ängste schwer oder gar nicht zu überwinden?

Um diese Frage zumindest teilweise zu beantworten, werfen wir wieder einmal einen Blick in unser Gehirn – und zwar darauf, wie es lernt und Informationen speichert: Das Gehirn ist ein Assoziativspeicher, das heißt, es kann sich besonders effektiv merken, welche Dinge zusammen gehören und zwar um so besser, je öfter diese Information wiederholt wird, je öfter die Assoziation also bestätigt und damit verstärkt wird. Wenn also eine Phobie besteht, dann wird dieselbe Angstreaktion immer und immer wieder durch dasselbe Objekt oder dieselbe Situation ausgelöst und

dadurch die Assoziation zwischen Angst und Auslöser weiter gefestigt, bis die Reaktion schließlich unausweichlich geworden ist.

Wenngleich im Gehirn eine ganze Reihe von abnormen Veränderungen und Aktivierungen von Strukturen (z.B. Amygdala, Gyri temporalis und parahippocampalis [rechts]) und Transmittersystemen (Noradrenalin, Serotonin, GABA) bekannt sind, die mit Angststörungen einher gehen, so bleibt die Angst also doch ein erlerntes Verhalten. Anstatt also die Angst mit Psychopharmaka zu behandeln (mittels Antidepressiva, die die Wiederaufnahme von Serotonin oder Noradrenalin in die Zellen hemmen und so deren Wirkung verstärken oder mit Benzodiazepinen, die die GABA-Wirkung am GABA-A-Rezeptor verstärken), kann man zunächst auch versuchen, sie wieder zu „verlernen".

Dazu muss man in seinem Gehirn den Angstauslöser durch Konditionierungslernen mit einer neuen Assoziation verknüpfen. Man begibt sich dafür in eine vertraute, sichere Umgebung, in der man möglichst gut entspannen kann. Ist eine tiefe Entspannung erreicht, stellt man sich den persönlichen Angstauslöser möglichst realistisch vor. Und schließlich stellt man sich vor, mit einem neuen Verhalten auf diesen Auslöser zu reagieren: Mit Entspannung, Ruhe, Freude – irgendeinem Gefühl, das angenehm ist. Je realistischer man diese Vorstellung hinbekommt und je regelmäßiger man die Übung macht – zum Beispiel täglich vor dem Einschlafen –, desto eher lernt das Gehirn diese neue Assoziation, bis es schließlich auch in der Realität mit einem neuen Verhalten auf den Angstauslöser reagiert. Wenn das geschieht, ist die Angst verlernt, die Angststörung behoben. Vielleicht kennen Sie das ja auch … ∎

B

41

Ich fühle was, was Du nicht fühlst

Frauen sind gefühlsbetonter als Männer

Frauen neigen eher zu Angststörungen und erinnern Emotionales besser. Wenn Männer und Frauen aber verschiedene Verhaltensmuster zeigen, dann müssen auch ihre Gehirne verschieden sein.

Kennen Sie das auch? Sie haben sich mit Ihrem Partner einen Gruselfilm angeschaut und während er danach von der komplexen Handlung schwärmt und sich für die erzählte Geschichte begeistert, kritisieren Sie, dass doch die Schuhe des Vampirs gar nicht in die Zeit, in der der Film spielte, passen würden. Schlimmstenfalls streiten Sie dann, weil Sie sich an solchen Details aufhängen, anstatt das Gesamtwerk zu genießen wie er, während er den Fehler begeht, einfach die wichtigen Details zu übersehen, die, weil nicht stimmig, doch den Gesamtgenuss trüben.

Auch wenn diese Szene etwas konstruiert zu sein scheint, solch gegenseitiges Nicht-Verstehen kommt zwischen Männern und Frauen immer wieder vor. Da Verhalten immer Ausdruck der Organisation der Gehirne ist, die es hervorbringen, muss man daraus folgen, dass die Gehirne von Männern und Frauen verschieden strukturiert sein müssen. Und auch wenn die Gemeinsamkeiten überwiegen und es lange als politisch unkorrekt galt, das zu sagen, ist es tatsächlich so: Die Gehirne von Männern und Frauen weisen eine Fülle von Unterschieden aus, die sich größtenteils während der Entwicklung durch Einfluss der Geschlechtshormone herausbilden. So haben Männer größere Hirne mit mehr Neuronen, was aber noch nichts über Intelligenz oder Leistungsfähigkeit aussagt. Aber es gibt auch Unterschiede, deren Bedeutung für das Verhalten mittlerweile interpretierbar ist.

Dies wird besonders deutlich, wenn es um die Bewertung von Dingen oder Sachverhalten geht, die eine emotionale Komponente besitzen: Emotionen werden im Gehirn wesentlich von einem Teil des limbischen Systems verarbeitet, der sogenannten Amygdala (dem Mandelkern). Nach Bewertung durch die Amygdala wird die emotionale Information zum Hippokampus und dem Frontalhirn weitergeleitet, zweien für die Gedächtnisbildung entscheidenden Hirnteilen. Interessanterweise zeigen nun neuere Studien, dass in emotionalen Situationen wie etwa dem geschilderten Gruselfilmabend oder auch bei Betrachten sexuell erregender Bilder bei Männern besonders die rechte Amygdala aktiviert wird, während bei Frauen eher die linke involviert ist.

Nun wissen wir seit Längerem, dass die beiden Hirnhälften Informationen unterschiedlich verarbeiten: Während die rechte Hirnhälfte komplexe Informationen eher ganzheitlich wahrnimmt, beschäftigt sich die linke eher mit Detailanalysen. Man könnte sagen, die linke Hemisphäre sieht den Pinselstrich, die rechte das ganze Bild, die linke hört den Ton, die rechte die Melodie.

Bezogen auf die unterschiedlichen Amygdala-Aktivierungen bei Mann und Frau hieße das, während Frauen eher dazu neigen, Details emotionaler Ereignisse zu behalten, speichern Männer eher die Hauptmerkmale des Gesamtereignisses. Das heißt, obwohl beide dasselbe erlebt haben, werden doch andere Bestandteile des Erlebten als relevant betrachtet und abgespeichert. Bei der späteren Reflexion des Ereignisses sind dann Meinungsverschiedenheiten zwangsläufig vorprogrammiert – aber so kennen Sie das ja sicherlich auch ... ■

Verstehen Sie Ihren Partner?

Zyklisch veränderte Wahrnehmung

Periodisch wiederkehrende, hormonbedingte Stimmungsschwankungen während des Menstruationszyklus sind uns seit Längerem bekannt. Östrogene beeinflussen aber auch die Reizverarbeitung in sensorischen Zentren.

Kennen Sie das auch? Meinungsverschiedenheiten, bei denen Sie den Eindruck haben, dass man sich gegenseitig einfach nicht versteht? Sicherlich haben viele Frauen in solchen Situationen schon mal den Satz von ihrem Partner gehört: „Du Schatz, kann es vielleicht sein, dass Du Deine Tage bekommst?" Und oft werden Sie festgestellt haben, dass dies tatsächlich der Fall war. ▶

Stetig wiederkehrende, zyklusbedingte Stimmungsschwankungen mancher Frauen und die damit einhergehenden Verständigungsprobleme mit dem jeweiligen Partner sind hinlänglich bekannt – und auch wenn es sich dabei nicht gleich um ein Prämenstruelles Syndrom handeln muss, so kennen doch viele Frauen aus eigener Erfahrung die mitunter unangenehmen, hormonell bedingten Auswirkungen des Östruszyklus auf ihr Gemüt. Intuitiv gehen wir davon aus, dass es diese emotionalen Schwankungen sind, die zu Gereiztheit, „schwachen Nerven" und im Falle einer Meinungsverschiedenheit dann eben besonders schnell zum Streit mit dem Partner führen können. Da ist sicherlich auch etwas dran, aber vielleicht ist das noch nicht die ganze Wahrheit.

PMS =
Permanent
Motzig
Sein?

Die den Menstruationszyklus steuernden Hormone wie zum Beispiel Östrogen wirken nämlich modulierend auf viel mehr Teile unseres Gehirns als nur auf die für Emotionen zuständigen Kerngebiete des limbischen Systems: Östrogenrezeptoren (engl. estrogen receptors, ER) finden sich auch im Hippocampus (Langzeitgedächtnisbildung und Orientie-

rung), dem Riechhirn, dem Kleinhirn (Bewegungskoordination), verschiedenen Kernen des Mittelhirns und nicht zuletzt der gesamten Großhirnrinde einschließlich der sensorischen Kortexareale. Dort wirken sie modulierend auf nahezu alle wesentlichen Transmittersysteme des Gehirns, das glutamaterge, GABAerge, dopaminerge, cholinerge, serotonerge und noradrenerge System – entsprechend existieren vielfältige Berichte zu positiven Effekten einer Östrogenbehandlung in der Menopause auf alle diese Funktionsbereiche des Gehirns. Des Weiteren sind die jeweils beteiligten zellulären Signalwege teilweise nur unzureichend verstanden: Neben den klassischen Steroidhormon-Rezeptoren, zu denen die ER gehören, mit ihren Wirkungen auf die Transkription (dem „Abschreiben" der Gene zur späteren Proteinsynthese) im Zellkern, gibt es offenbar auch Rezeptoren, die außen an den Zellmembranen sitzen und wesentlich schnellere Reaktionen der Zellen hervorrufen können als ihre intrazellulären Kollegen.

Es wäre also durchaus denkbar, dass sich die Schwankungen der Östrogenmenge über die ER im auditorischen Kortex während des Menstruationszyklus auch direkt auf die Verarbeitung von Schallreizen wie Sprache auswirken könnten, dass Sprache also schon anders gehört wird. Zusätzlich könnten präfrontale Kortexareale eine veränderte Bewertung des Gesagten vornehmen. Aber bis wir die Östrogenwirkungen im Detail verstanden haben, bleibt all dies Spekulation und wir können nicht mit Sicherheit sagen, woran es nun genau lag, dass es zu Streit kam – aber so kennen Sie das ja sicherlich auch … ■

Lernen macht glücklich

Beim Lernen setzt der Organismus zur Motivation ein körpereigenes Dopingsystem ein

Einer der wichtigsten Botenstoffe in unserem Gehirn, der bei Lernvorgängen ausgeschüttet wird, ist das Dopamin. Es erfüllt dabei eine Doppelfunktion, denn es bewirkt nicht nur eine Abspeicherung von Lerninhalten im Langzeitgedächtnis, es macht auch glücklich!

Kennen Sie das auch? Sie mussten für eine Prüfung lernen und hatten den Stoff noch gar nicht verstanden. Irgendwann während dieses Prozesses kamen Sie dann an den Punkt, an dem Sie plötzlich die Zusammenhänge kapierten. Sie hatten ein Aha-Erlebnis, und von diesem Zeitpunkt an ging alles leicht. Sie fühlten sich damals unheimlich gut, verspürten ein Glücksgefühl, weil sie stolz darauf waren, das Problem bewältigt zu haben. Wenn Sie nun an diesen Moment zurückdenken, dann wissen Sie vermutlich immer noch, worum es damals ging, denn die so gelernten Zusammenhänge haben Sie nie wieder vergessen.

Wenn Sie so etwas schon einmal erlebt haben – und davon gehe ich aus – dann haben Sie einen wesentlichen Botenstoff oder Neurotransmitter Ihres Gehirns bei der Arbeit beobachtet, das Dopamin. Dieser Botenstoff erfüllt dort eine ganze Reihe von Aufgaben, etwa bei der Bewegungskoordination oder aber auch und gerade bei Lernvorgängen.

Trotz dieser zentralen Bedeutung des Dopamins für das Funktionieren unseres Gehirns wird es nur von zwei kleinen Kerngebieten – Ansammlungen von Nervenzellen – produziert, der Substantia nigra und der ventralen tegmentalen Area (VTA). Ungeachtet der geringen Zahl und Größe dieser Zellen sind ihre Wirkungen auf das Gehirn sehr weitreichend, denn die das Dopamin ausschüttenden Fasern decken mit ihren Projektionsgebieten große Bereiche ab. Die für unser Thema relevante VTA etwa versorgt weite Teile der Großhirnrinde, insbesondere des für das Langzeitgedächtnis wichtigen Stirnhirns, des präfrontalen Cortex.

Kommt es also zu einer erfolgreich bewältigten Lernsituation, dann schütten die Zellen der VTA Dopamin in diesen präfrontalen Cortex aus und tragen so zur Konsolidierung der Lerninhalte, die dort gerade bearbeitet werden, im Langzeitgedächtnis bei. Das dopaminerge System ist damit Teil eines internen Bewertungssystems des Gehirns, das sicherstellen soll, dass für uns relevante Informationen langfristig abgespeichert werden. Gleichzeitig beschenkt es uns aber auch mit dem erwähnten Glücksgefühl. Die zweite Rolle des Dopamins in diesem Zusammenhang ist also die eines internen Systems, mit dem das Gehirn sich selbst für das erfolgreiche Problemlösen belohnt.

Vielleicht fragen Sie sich nun, wozu das nötig ist, denn Ihre eigene Erfahrung mit Prüfungsvorbereitungen war sicher nicht immer nur lustvoll. Sie war es aber, wenn Sie dabei erfolgreich waren. Und wenn sie erfolgreich sind, bekommen Sie vielleicht Lust auf mehr. Die Dopaminbelohnung durch das Glücksgefühl dient also dazu, die Motivation zu schaffen, noch mehr zu lernen und zu verstehen. Und das ist es letztlich, was den Menschen antreibt.

Wenn Sie diese Zusammenhänge nun verstanden haben, dann hatten Sie gerade vielleicht auch ein Aha-Erlebnis, und das Lesen dieses Artikels hat Sie für ein Weilchen glücklich gemacht. Wäre schön! Denn so kenne ich das auch. ■

Kennen Sie das auch, diese endlosen Diskussionen über Sex? Jeder hat etwas dazu zu sagen, ob er nun gut oder schlecht, generell moralisch oder unmoralisch sei, nur in festen Beziehungen mit Liebe oder auch als One-night-stand akzeptabel wäre, in hetero- oder auch homosexuellen Beziehungen, und ob man viel oder wenig davon haben sollte? All diese zumeist moralisch motivierten Betrachtungen und Bewertungen menschlicher Sexualität beschäftigen die Neurobiologie natürlich nicht, wohl aber die zu Grunde liegende Biochemie. Dabei sind mittlerweile einige Zusammenhänge aufgeklärt worden, die nur selten Gegenstand oben skizzierter Diskussionen zum Thema sein dürften. Was passiert in Ihrem Körper, Ihrem Gehirn, wenn Sie Sex haben, und ist das – rein neurobiologisch betrachtet – nun gut oder schlecht? Zur Beantwortung dieser Frage möchte ich mich einem kleinen Aspekt aus der Fülle der physiologischen Vorgänge zuwenden, der Funktion des Oxytocins.

So heißt ein Hormon, von dem schon länger bekannt ist, dass es eine wesentliche Rolle bei der Entbindung und dem Stillen spielt. Ebenfalls schon länger bekannt ist die Tatsache, daß dieses Hormon auch bei

Männern vorkommt, wenngleich seine Funktion hier lange unklar war. Erst in jüngerer Zeit beginnen wir, die Bedeutung des Oxytocins für die Sexualität zu verstehen.

Dieses Hormon wird während sexueller Handlungen, insbesondere beim Orgasmus, von bestimmten Nervenzellen des Hypothalamus in verschiedenen Regionen des Zentralnervensystems ausgeschüttet, unter anderem vermutlich in die sogenannte ventrale tegmentale Area (VTA) (vgl. »Lernen macht glücklich«, S. 48/49). Die Zellen in der VTA wiederum besitzen Rezeptoren für das Oxytocin, und werden diese aktiviert, so schütten die VTA-Neurone ihrerseits einen anderen Botenstoff, das Dopamin, aus. Dieser erreicht schließlich über die Projektionen der VTA weite Bereiche des Gehirns, unter anderem den präfrontalen Cortex.

Wir erinnern uns: der präfrontale Cortex ist von zentraler Bedeutung für die Langzeitgedächtnisbildung, und Dopamin ist dabei der entscheidende Botenstoff. Dessen Doppelrolle, als internes Belohnungssystem beim Sex und gleichzeitig bei der Langzeitgedächtnisbildung (beim Lernen) zu wirken, können Sie sich zunutze machen. Denn natürlich wird man von Sex alleine nicht klug. Wenn Sie aber Sex haben in Zeiten, in denen Sie sich zum Beispiel auf eine Prüfung vorbereiten, dann kann die zusätzliche Dopaminausschüttung Ihrer VTA dazu beitragen, dass Sie sich die in dieser Zeit studierten Lerninhalte besser merken können. Probieren Sie's doch einfach mal aus!

Im Übrigen wird über Oxytocin auch berichtet, dass es die Paarbindung fördert. Ist also durch regelmäßigen Sex stets genug davon vorhanden, so reduziert sich das Bedürfnis, fremdzugehen. Das funktioniert zumindest im Tierversuch bei männlichen Ratten – und vielleicht kennen Sie das ja auch ... ■

Es werde Licht!

Wintertage sind belastend für unser Gemüt

Viele Menschen plagen in der dunklen Jahreszeit Verstimmungen bis hin zu ernsthaften Winterdepressionen. Grund hierfür ist eine Veränderung im Wechselspiel zweier Botenstoffe im Gehirn, dem Melatonin und Serotonin

Kennen Sie das auch? Diese schlechte Laune, die sich gerade im Winter, wenn die Tage kürzer und dunkler werden, mit zunehmender Häufigkeit einstellt? Solche jahreszeitlich bedingten depressiven Verstimmungen sind nun vermehrt spürbar. Bei den meisten Menschen handelt es sich dabei lediglich um harmlose Launen, die problemlos überstanden werden können, ohne dass es einer besonderen Behandlung bedarf. Bei einigen Patienten werden diese Verstimmungen aber so stark, dass man von echten Winterdepressionen – oder neudeutsch SAD (= saisonal-affektive Störung) – sprechen muss. Wieso aber sind gerade die Wintertage so belastend für unser Gemüt?

Die wesentliche Ursache liegt nach derzeitigem Wissensstand in den veränderten Tag-Nacht-Zyklen und der dadurch verkürzten Zeit und Intensität, in der uns Tageslicht zur Verfügung steht. Diese Dauer wahrgenommenen Tageslichts stellt nämlich nicht nur unsere innere Uhr neu ein, sie wirkt sich auch gleichzeitig auf die Menge bestimmter Botenstoffe im Gehirn, das Melatonin und das Serotonin, aus. Das Hormon Melatonin wird von einer Drüse des Zwischenhirns, nämlich der Zirbeldrüse – oder auch als Epiphyse bekannt – produziert. Diese Produktion unterliegt dabei tageszeitlichen Schwankungen, die an den Tag-Nacht-Wechsel gekoppelt sind. Zeitlich synchronisiert wird diese Kopplung dadurch, dass die über die Augen wahrgenommene Menge an (Tages-)Licht an einen Nervenzellhaufen des Zwischenhirns gemeldet wird, den Nucleus suprachiasmaticus (SCN). Dieser beherbergt die zentrale „innere Uhr" unseres Körpers und meldet die Informationen über Tageszeit und Lichtmenge über verschiedene Zwischenstationen an die Epiphyse. In der Folge steigt dann dort nachts, bei Dunkelheit, die Melatoninproduktion an, während sie tagsüber, wenn genügend Licht vorhanden ist, reduziert ist. Durch diesen Mechanismus ist Melatonin in der Lage, den individuellen Schlaf-Wach-Rhythmus zu steuern. Zusätzlich bewirkt Melatonin aber auch eine Verminderung der von den Raphe-Kernen des Mittelhirns ausgeschütteten Menge des Neurotransmitters Serotonin, dessen verfügbare Menge sich dadurch bei verminderter Lichteinwirkung reduziert. Serotoninmangel ist nun aber, neben seiner Rolle bei Stress- und Schmerzreaktionen, ein sicheres Symptom depressiver Störungen. Der im Winter durch die verminderte Lichteinwirkung auf den beschriebenen Regelkreis eintretende Mangel an Serotonin ist daher die wahrscheinlichste Ursache für die bei dafür anfälligen Patienten auftretende Winterdepression. Eine Lichttherapie, vorzugsweise morgens mit intensivem Licht (10 000 Lux) für eine halbe Stunde, kann daher durch eine Reduzierung der Melatoninproduktion die Serotoninmenge steigern und damit die Winterdepression mitunter deutlich mildern. Und wenn Sie keine Lichtdusche zur Hand haben, hilft natürlich auch der Kurzurlaub im sonnigen Süden – und so kennen Sie das ja vielleicht auch ... ■

Diese scheinbar niederschmetternde Erkenntnis wird allerdings deutlich dadurch relativiert, dass es für den persönlichen Erfolg im Leben von entscheidender Bedeutung sein kann, 10 IQ-Punkte ober- oder unterhalb des Durchschnitts der Bevölkerung zu liegen. Wie also können und sollten wir unsere Kinder optimal fördern, um ihre individuellen Möglichkeiten voll auszuschöpfen? Was beeinflußt den IQ?

Das Wesentliche ist in Kürze:

(1) Optimale, gesunde und schadstofffreie Ernährung, insbesondere auch schon vor der Geburt (kritisch: vierter Schwangerschaftsmonat bis Ende des zweiten Lebensjahres), damit das Gehirn sich optimal entwickeln kann und keine Mangelerscheinungen oder Schädigungen, etwa durch Alkohol oder Nikotinkonsum der Mutter, auftreten. Hier spielt

Intelligente Kinder

Menschen unterscheiden sich in ihrer Intelligenz

Wovon hängt die individuelle Intelligenz ab?
Und wie stark bestimmt unser Erbgut die Intelligenz-
entwicklung unserer Kinder?

Kennen Sie das auch? Begeisterte Diskussionen höchst engagierter Mütter über die Frage, wie ein Kind optimal zu fördern sei, um auch wirklich
ein kleines Genie zu erziehen? Aber was beeinflusst eigentlich wirklich
die Intelligenz unserer Kinder?

Hier muss man zunächst festhalten, dass Intelligenz ganz wesentlich
genetisch bestimmt wird. Diese Tatsache ist mittlerweile von der Wissenschaft allgemein akzeptiert – auch wenn Bildungspolitiker das nicht
gerne hören und schon gar nicht öffentlich zu äußern bereit sind. Sie
stützt sich zum Teil auf Untersuchungen an eineiigen (also genetisch
identischen), aber nach der Geburt getrennt aufgewachsenen Zwillingen
sowie auf Studien, die die Intelligenz von Eltern mit der ihrer Kinder und
Enkel vergleichen und dabei Vererbungsmuster erkennen, wie sie bereits
Mendel für die Vererbung von Blütenfarben von Erbsen beschrieben hat.
Die Vorstellung einer Bildungschancengleichheit ist also mit Blick auf
die von jedem einzelnen Individuum erreichbaren Bildungs-
ziele eine Illusion (eine Einsicht, die freilich die
Forderung nach Chancengleichheit beim
Zugang zu Bildung unberührt lässt)!
Äußere Faktoren wie Erziehung
und Umweltbedingungen
haben nur noch einen
vergleichsweise geringen
Einfluss auf die Heraus-
bildung individueller
Intelligenz, der bei etwa
20 Intelligenzquotient-
(IQ)-Punkten liegt.

Bildung aus der Flimmerkiste?

Warum wir immer Lehrer
aus Fleisch und Blut brauchen werden

Unterhaltsame Wissenssendungen füllen die Fernsehzeitschriften und versprechen uns Bildung ohne Lernstress.
Leider wird hier jedoch eine Hoffnung genährt, die sich nicht
erfüllt, denn dafür wurden unsere Gehirne von der Evolution
nicht geschaffen.

Kennen Sie das auch? Sie haben es sich gerade auf dem Sofa gemüt-

Diese scheinbar niederschmetternde Erkenntnis wird allerdings deutlich dadurch relativiert, dass es für den persönlichen Erfolg im Leben von entscheidender Bedeutung sein kann, 10 IQ-Punkte ober- oder unterhalb des Durchschnitts der Bevölkerung zu liegen. Wie also können und sollten wir unsere Kinder optimal fördern, um ihre individuellen Möglichkeiten voll auszuschöpfen? Was beeinflußt den IQ?

Das Wesentliche ist in Kürze:

(1) Optimale, gesunde und schadstofffreie Ernährung, insbesondere auch schon vor der Geburt (kritisch: vierter Schwangerschaftsmonat bis Ende des zweiten Lebensjahres), damit das Gehirn sich optimal entwickeln kann und keine Mangelerscheinungen oder Schädigungen, etwa durch Alkohol- oder Nikotinkonsum der Mutter, auftreten. Hier spielt

(2) auch die Gesundheit, der emotionale Zustand und die Stressbelastung der Mutter während der Schwangerschaft eine wichtige Rolle.

(3) Stillen – je länger, desto besser und desto höher der IQ, empfohlen wird hier ein Jahr.

(4) Anregende Umgebung: Nicht die Menge an Spielzeug und Freizeitaktivitäten macht's, aber sehr wohl ihre Unterschiedlichkeit. Optimal ist so viel Abwechslung, dass Aufmerksamkeit und Interesse des Kindes stets aufs Neue angeregt werden, ohne aber durch zuviel des Guten Verwirrung zu stiften! Besonders schädlich sind in diesem Zusammenhang Ablenkungen durch Lärm vom Fernseher etc.

(5)Und schließlich: Seien Sie als Eltern liebevoll und zärtlich, verantwortungsbewusst und helfend, verbringen Sie Freizeit mit Ihren Kindern, aber fordern Sie auch Leistung und das Einhalten von Regeln. Dann holen Sie das Beste aus Ihren Kindern – und ich bin ganz sicher, wenn Sie Kinder haben, dann kennen Sie das auch! ■

Macht Musik intelligent?

Das Gehirn und der Mozart-Effekt

Medien berichten immer wieder über angebliche positive Effekte musischer Ausbildung auf kognitive Fähigkeiten und Intelligenz. Aber macht Musik wirklich klüger?

Kennen Sie das auch? Schwangere, die sich und ihre ungeborenen Babys mit Mozart-Musik beschallen oder Eltern, die ihre dreijährigen Kinder, ob die wollen oder nicht, in die Musikschule treiben, immer in der Hoffnung, der Nachwuchs würde sich zu kleinen Genies entwickeln?

Die Vorstellung, dass eine gute musikalische Ausbildung oder auch nur das Hören „guter", also klassischer Musik, sich positiv auf die Gehirnentwicklung auswirken würde, ist weitverbreitet und beruht letztlich auf einer Studie, die 1993 von Rauscher und Mitarbeitern in der renommierten Fachzeitschrift „Nature" veröffentlicht wurde. Dort wurde berichtet, dass Versuchspersonen, die sich für 10 Minuten Mozartkompositionen angehört hatten, in räumlich-visuellen Test besser abschnitten als Kontrollpersonen, die die gleiche Zeit in Ruhe verbracht hatten. In der Studie wurde dies als „Mozart-Effekt" bezeichnet und als Beleg für einen durch die Musik hervorgerufenen deutlichen Zuwachs an allgemeiner Intelligenz gewertet.

In der Folge entwickelte sich daraufhin sogar eine ganze Industrie, die Mozart-CDs für Neugeborene oder entsprechende Frühförderkurse für Sprößlinge bildungsbewußter Eltern anbot: Zwei US-Bundesstaaten begannen sogar, Schulkinder täglich klassische Musik hören zu lassen sowie Mozart-CDs an Neugeborene zu verschenken.

Leider ist es nicht so einfach mit der Intelligenz: Zum einen hält der „Mozart-Effekt" nur für 20 bis 30 Minuten an, zum anderen ist er – wenn überhaupt nachweisbar – sehr spezifisch auf räumlich-visuelle Aufgaben beschränkt und wirkt sich keineswegs ganz allgemeinen auf Intelligenz aus.

Nach derzeitigem Kenntnisstand wirkt sich passives Hören von Musik unter bestimmten Bedingungen zwar positiv auf verschiedene kognitive Fähigkeiten aus, die Leistungssteigerungen sind aber immer nur kurzfristig und beruhen daher offenkundig nicht auf dauerhaft intelligenzsteigernden Veränderungen im Gehirn. Vielmehr lassen sich die durch Musik ausgelösten Effekte wohl durch eine allgemein gesteigerte kognitive Erregung und verbesserte Stimmung erklären. Und dabei ist es egal, ob Sie Mozart oder irgendeine andere Musik hören, es kommt nur darauf an, dass sie Ihnen gefällt. Überdies können dieselben Effekte auch durch andere äußere Einflüsse erzielt werden, wenn sie in ähnlicher Weise anregend und stimmungsaufhellend sind, sei es ein gutes Buch, eine Tasse Kaffee oder ein Stück Schokolade – es kommt nur auf die persönliche Präferenz an!

Langzeiteffekte, etwa bei einer musikalischen Früherziehung, konnten noch nicht sicher belegt werden: Zwar existieren Korrelationen zwischen Musikunterricht und bestimmten Sprachkompetenzen, ein kausaler Zusammenhang konnte aber nie bewiesen werden und der Effekt beschränkt sich auf den beiden Fähigkeiten gemeinsamen phonologischen Bereich. Im Gehirn ist es eben wie im Sport: Wenn eine bestimmte Fähigkeit verbessert werden soll, dann muß genau das trainiert werden und nicht etwas anderes, wer höher springen kann, wird nicht automatisch auch schneller laufen – so kennen Sie das sicher auch ... ∎

Bildung aus der Flimmerkiste?

Warum wir immer Lehrer aus Fleisch und Blut brauchen werden

Unterhaltsame Wissenssendungen füllen die Fernsehzeitschriften und versprechen uns Bildung ohne Lernstress. Leider wird hier jedoch eine Hoffnung genährt, die sich nicht erfüllt, denn dafür wurden unsere Gehirne von der Evolution nicht geschaffen.

Kennen Sie das auch? Sie haben es sich gerade auf dem Sofa gemütlich gemacht und verfolgen interessiert eine Fernsehsendung. Vielleicht haben Sie dort gerade etwas erfahren über Yuknoom den Großen, einen Mayakönig von Calakmul und seine Fehde mit dem Stadtstaat Tikal. Wenn Sie jetzt froh darüber sind, etwas gelernt zu haben, muss ich Sie enttäuschen. Fragen Sie sich einmal, wie viel Sie noch aus der letzten derartigen Sendung wissen. Wenn das mehr als zwei Wochen her ist, vermutlich kaum noch etwas.

Dass man aus dem Fernsehen grundsätzlich nur sehr schlecht lernen kann, liegt an der Art und Weise, wie unser Gehirn Informationen bewertet. Denn bevor wir etwas aufwändig im Langzeitgedächtnis ablegen, entscheidet es darüber, ob das für uns überhaupt relevant ist. Der Ausgang dieser Entscheidung hängt dabei sehr vom Kontext ab, in dem Informationen aufgenommen werden. Ein Beispiel: Es gibt Studien, da wurde Kleinkindern von ihrer Mutter gezeigt, wie ein Steckpuzzle zu lösen war. Im Nachbarraum saß ein zweites, gleichaltriges Kind mit seiner Mutter und betrachtete die „Lehrszene" auf einem Bildschirm. Das Kind, dem die Aufgabe von seiner Mutter gezeigt wurde, lernte bereits nach zwei bis drei Durchgängen, das Puzzle zu lösen. Das andere Kind jedoch lernte nichts, und das obwohl es ja eigentlich die gleichen Informationen erhalten hatte, nur eben in einem anderen Kontext.

Lernen funktioniert am besten durch eine persönliche Bezugsperson, einen Lehrer, der sich individuell auf den Schüler einstellen kann. Ebenso lernt man gut, wenn man sein Tempo sowie die Zahl und Häufigkeit der Wiederholungen selbst bestimmen kann, wie etwa beim Lesen.

Fernsehen aber bietet all diese Möglichkeiten nicht. Dort wird man lediglich passiv mit Bild- und Toninhalten konfrontiert, hat dabei keinen Einfluss auf Tempo und Menge der Präsentation und kann selbst keine Wiederholungen einbauen. Und das Ganze steht auch noch in einem Kontext, den das Gehirn als nicht relevant betrachtet, weil er keine eigene, selbst gemachte Lebenserfahrung darstellt! Derartige Informationen werden vom Gehirn im Regelfall nicht dauerhaft abgespeichert. Ausnahmen gibt es, zum Beispiel wenn Sie nachher mit einem Buch selbst noch mal die Inhalte vertiefen, Vorwissen hatten, die Sendung als solche also bereits Wiederholung war, oder wenn der Inhalt Sie besonders emotional angesprochen hat. Ansonsten, so leid es mir tut, war es nur Unterhaltung, keine Bildung.

Wie war der Name des Mayakönigs? Wenn Sie ihn jetzt noch wissen, haben Sie gerade einen der Unterschiede zwischen Fernsehen und Lesen erfahren. Wenn nicht, dann lesen Sie doch oben noch mal nach, und so erleben Sie den zweiten Unterschied – aber das kennen Sie sicher auch … ■

Lernen mit einer Pille?

Untersuchungen an Parkinsonpatienten tragen zum Verständnis des Lernens bei

Dopamin fördert Lernvorgänge. Wieso also nicht eine Tablette anbieten, mit der sich alle ganz einfach und sicher zum Beispiel Vokabeln merken könnten?

Kennen Sie das auch? Sie müssen sich auf eine Prüfung vorbereiten und sich dafür eine Fülle von Fachwissen aneignen. Die Zeit ist knapp und Sie fragen sich, wie Sie das alles rechtzeitig schaffen sollen. Insbesondere das Behalten von Faktenwissen, das sich nicht verstehen lässt sondern auswendig gelernt werden muss. Fachbegriffe abspeichern erfordert beispielsweise besonders viel Mühe. Haben Sie sich da nicht auch schon mal gewünscht, es gäbe eine Gedächtnispille, die es Ihnen erleichtert, sich alles zu merken, ohne den Stoff häufig zu wiederholen?

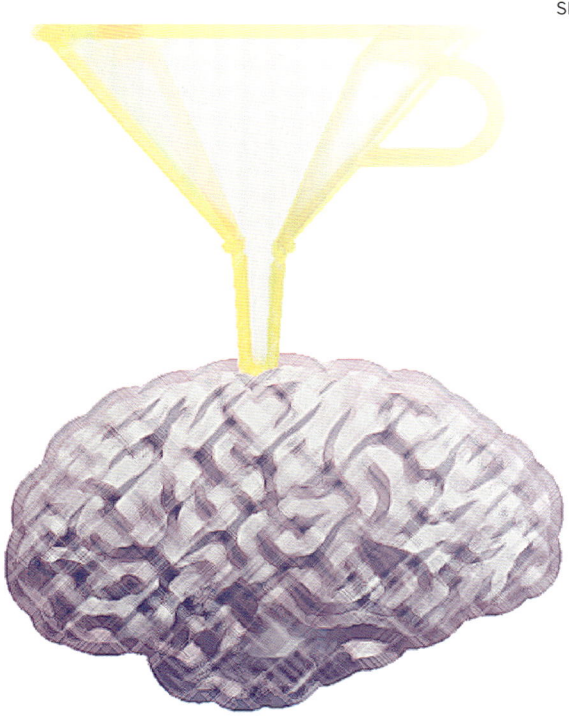

Aus anderen Kapiteln dieses Buches erinnern Sie sich vielleicht, dass der hirneigene Botenstoff Dopamin eine wichtige Rolle bei der Gedächtnisbildung spielt. Er hilft, Informationen, die Sie im

Laufe des Tages aufnehmen, im Gehirn abzuspeichern. Die Idee, zusätzliches Dopamin mit einer Pille zu sich zu nehmen, um den Lernvorgang zu stützen, erscheint also naheliegend. Doch leider gilt hier nicht die Regel „je mehr, desto besser". Stattdessen kommt es auf die genaue, natürliche Dosierung an. Dies zeigt sich deutlich an Untersuchungen, die an Parkinsonpatienten durchgeführt wurden.

Bei dieser Krankheit kommt es zu einer Degeneration von dopaminproduzierenden Neuronen im Gehirn. Die Patienten haben also zu wenig von diesem Botenstoff im Kopf und in der Folge entsprechende Defizite, etwa das bekannte Zittern und die Schwierigkeiten bei der Bewegungskoordination. Aber Dopaminmangel kann auch zu kognitiven Defiziten führen. Diese sind weniger auffällig, aber trotzdem nachweisbar.

In einer Studie von Frank und Mitarbeitern sollten Versuchspersonen bei jeweils zwei gleichzeitig präsentierten Symbolen entscheiden, welches davon die „Lösung" war. Nach der Wahl gab es „Richtig"- oder „Falsch"-Rückmeldungen. Mit der Zeit lernten die Patienten, aus (Miss)Erfolgen das System der Symbole und damit die richtige Strategie abzuleiten.

Gesunde Versuchspersonen lösen solche Probleme, indem sie etwa in gleichem Maße Misserfolge und Erfolge für die Entwicklung einer Lösungsstrategie heranziehen. Das ist am effektivsten. Unbehandelte Parkinsonpatienten aber, also solche mit Dopaminmangel, benutzten vermehrt Misserfolge, lernten also vorwiegend aus Fehlern, wobei sie hier sogar besser als gesunde Probanden waren. Aus Erfolgen lernten sie dagegen schlechter. Patienten mit zusätzlicher Dopaminpille aber, die so eine höhere Konzentration als Normalpersonen im Gehirn aufwiesen, lernten vorwiegend – und besser als die Kontrollgruppe – aus richtigen Einschätzungen, also aus ihren Erfolgen, schlechter aber aus Misserfolgen.

Man kann an diesem Beispiel erkennen, dass eine übernatürliche Steigerung einer bestimmten Hirnfunktion in der Regel zu Lasten einer anderen Funktion geht. Die Dopaminpille ist also keine Lösung für unsere Lernprobleme. Im Gegenteil: Bei Missbrauch bestünde sogar Suchtgefahr, denn viele Suchtdrogen wirken auch auf das dopaminerge System im Gehirn – aber so etwas kennen Sie hoffentlich nicht! ■

Schädliche Computerspiele
Suchtgefahr für das sich entwickelnde Gehirn

Gewaltverherrlichende Computerspiele geraten immer
wieder in Verruf, besonders nach solch entsetzlichen
Ereignissen wie Amokläufen an Schulen.

Kennen Sie das auch? Jugendliche, die stundenlang vor Computerspielen
„abhängen", geradezu gefesselt von Grafik, Sound und Action? Insbesondere gewaltverherrlichende Spiele wie die sogenannten Ego-Shooter sind
durch die jüngsten Vorfälle in Winnenden wieder in der öffentlichen Diskussion angelangt. Aber sind Computerspiele tatsächlich so gefährlich?
Die Hirnforschung meint dazu, ja, das sind sie, aber nicht, weil sie gesunde Jugendliche zu Gewaltverbrechern machen könnten. Das Problem ist
ein ganz anderes:

Lernen findet immer in einem bestimmten Kontext statt, das heißt Lernen
unterscheidet immer zwischen den Situationen, in denen gelernt wird,
und das Gelernte wird nicht automatisch in einen neuen Kontext übertragen. Das ist auch wichtig, denn was für den einen Kontext gilt, muss
für den anderen noch lange nicht sinnvoll sein. Genauso ist es bei diesen Spielen: Einen Menschen im Spiel zu erschießen bringt dort vielleicht
Punkte, im realen Leben aber ist es Mord. Diese Unterscheidung fällt
denn auch jedem gesunden Gehirn leicht, wenngleich es aber psychische
Dispositionen zu geben scheint, in denen die Spiele tatsächlich
anregen können, das im Spiel Erlebte in die
Tat umzusetzen. Dies sind jedoch
tragische Einzelfälle, und

die bei weitem überwiegende Mehrzahl der Jugendlichen wird durch solche Computerspiele eben nicht zu Gewaltverbrechern.

Die Spiele, und hier sind nicht nur die gewaltverherrlichenden zu nennen, bergen aber ein noch ganz anderes Problem, welches um so schwerer wiegt, da es die Masse der Spieler betrifft: Sie haben in diesem Buch vielleicht schon einmal gelesen, dass das Gehirn über ein internes Belohnungssystem verfügt, das den Botenstoff Dopamin verwendet. Dieser wird bei Lernvorgängen ausgeschüttet, wirkt gedächtnisbildend und belohnt den Lernenden zugleich durch ein gutes Gefühl für Erfolge im Problemlösen. Viele Computerspiele verschaffen nun dem Spieler ganz unnatürlich, in rascher Folge und über lange Zeit Erfolgserlebnisse, allerdings nicht real! Der Effekt auf die Dopaminausschüttung wird dabei viel zu leicht und zu häufig ausgelöst und führt zu einer zu hohen Dopaminkonzentration im Gehirn. So entsteht eine potenzielle Suchtgefahr, man wird süchtig nach dem guten, dopaminbedingten Gefühl. Nicht umsonst greifen viele Drogen am dopaminergen System an. Computerspiele bergen also bei täglichem, stundenlangem Gebrauch ähnliche Suchtrisiken wie Drogenmissbrauch, was gerade bei den sich entwickelnden Gehirnen von Jugendlichen nicht abschätzbare Folgen für die sich in dieser Zeit herausbildenden Hirnverschaltungen hat. Man sollte solche Spiele daher Jugendlichen unzugänglich machen, wenngleich dies in Zeiten des Internets eine nicht zu realisierende Forderung sein dürfte.

Ausdrücklich ausnehmen von dieser Problematik möchte ich zum Schluss allerdings die existierende Lernsoftware, die, falls sie gut gemacht und interaktiv aufgebaut ist, durchaus einen positiven Einfluss auf die Hirnentwicklung haben kann – das kennen Sie ja vielleicht auch ... ■

Gedankenlesen

Die Gedanken sind – und bleiben – frei!

Einer Ihrer Bekannten erzählt Ihnen, er müsse zu einer Kernspinuntersuchung seines Gehirns und befürchte, die ihn untersuchenden Ärzte könnten mit dem Gerät seine Gedanken lesen. Derartige Ängste können Sie ihm nach der Lektüre dieses Beitrags nehmen!

Kennen Sie das auch? Ein Bekannter oder Kunde spricht Sie aufgeregt an, weil er mal wieder Ungeheuerliches in der Zeitung gelesen habe. Da gäbe es jetzt Verfahren, mit denen man Gedanken im Gehirn von Patienten sichtbar machen könne. Positronenemissionstomografie (PET) und funktionelle Magnetresonanztomografie (fMRT) sind die Schlagworte moderner Schreckgespenster der Technik- und Fortschrittsfeindlichkeit. „Bald schon", so Ihr Bekannter weiter, „können die all unsere Gedanken lesen! Dann werden wir total kontrolliert!" So oder ähnlich wird tatsächlich gerade in Deutschland immer wieder versucht, Ängste zu schüren. In diesem Falle wären sie jedoch völlig unbegründet.

Das liegt zuerst und vor allem daran, dass die Art und Weise, wie unser Gehirn Daten speichert und abruft, es prinzipiell ausschließt, dass diese von außen gelesen werden könnten. Dieser Vorgang ist bei jedem Menschen sehr individuell und die exakt gleiche Information wird dabei jeweils etwas anders und – auf mikroskopischer Ebene – an etwas anderen Orten gespeichert.

PET und fMRT sind nicht-invasive bildgebende Verfahren. Damit lässt sich tatsächlich ins Gehirn hineinschauen, allerdings kann man so – ebenso wenig wie das Medium im Varietee – keine Gedanken lesen, sondern lediglich Orte neuronaler Aktivität sichtbar machen, die be-

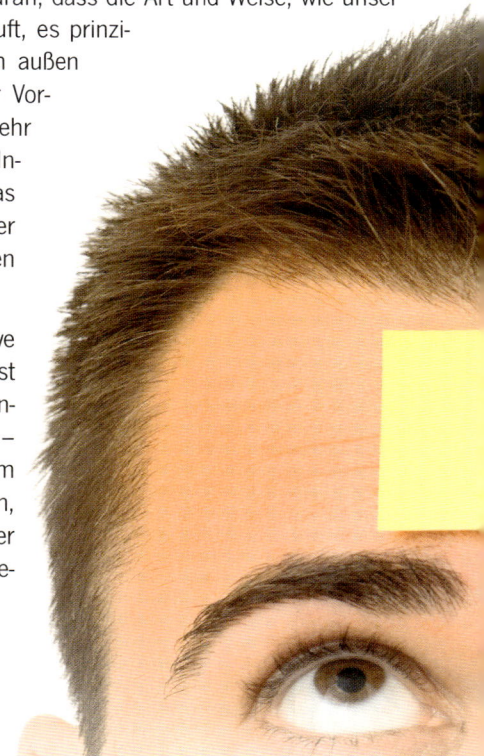

stimmten mentalen Vorgängen zugeordnet werden können, und zwar über den damit verbundenen Energie- beziehungsweise Sauerstoffverbrauch.

Beide Methoden sind aber sehr grob: Darstellbar sind hier lediglich Bereiche von mindestens 1 mm^3 Größe, und einzelne Bilder werden im Abstand von meist mehreren Sekunden gemacht. Zusätzlich wird über mehrere Bilder gemittelt, um überhaupt Aktivität sichtbar machen zu können. Neurone und insbesondere die die Information speichernden Synapsen sind aber nur wenige Tausendstel Millimeter groß, und einzelne „Gedankenblitze", die elektrischen Aktionspotenziale, dauern nur etwa eine Millisekunde.

Das heißt, diese Messmethoden sind sowohl räumlich als auch zeitlich viel zu grob, um das feine Muster unserer Gedankenaktivitäten überhaupt darstellen zu können. Die Hirnforschung kann derzeit also bestenfalls sagen, dass ein Mensch gerade etwas hört, aber niemals, was er hört!

Und selbst wenn wir so genau messen würden, dass wir jede einzelne Aktivität jeder einzelnen Synapse registrieren und die enorme Datenflut dann auch noch speichern könnten, so könnten wir damit dennoch nichts anfangen, denn dazu müssten wir wissen, welche Synapse welche Information gespeichert hat. Da dies, wie gesagt, bei jedem Menschen anders ist, ist diese Information prinzipiell von außen nicht zu lesen. Ihre Gedanken sind (und bleiben!) also sicher geschützt vor neugierigen Zugriffen Dritter, es sei denn, Sie wollen uns etwas davon erzählen – und so kennen Sie das sicher auch … ■

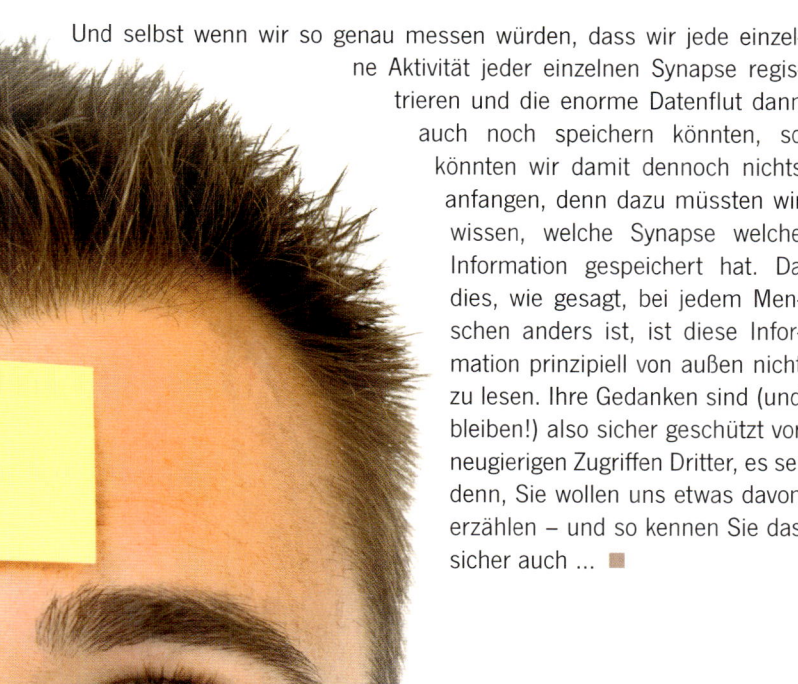

Köpfe und Computer

Menschen denken anders als Maschinen

Maschinen werden immer leistungsfähiger. Viele meinen, sie seien uns bald überlegen, schneller, mit unfehlbarem Gedächtnis und sogar intelligenter. Tatsächlich sind Gehirne den Rechnern in wesentlichen Merkmalen aber immer noch weit voraus.

Kennen Sie das auch? Sie haben etwas vergessen, das Sie sich unbedingt merken wollten. Vielleicht einen Namen, einen Geschäftstermin oder einfach nur ein Kochrezept? Sie können sich zwar an die Sache selbst nicht mehr erinnern, wohl aber daran, dass Sie alles in Ihrem Computer gespeichert haben. Und Sie wünschen sich, genauso wenig vergesslich zu sein wie der Blechkollege.

Solche Vergleiche werden häufig angestellt. Es herrscht die weitverbreitete Meinung, dass Computer und Gehirn im Grunde Maschinen ähnlicher Struktur und Funktionsweise seien, nur dass die Köpfe den Maschinen leider zunehmend unterlegen wären: Sind letztere nicht viel schneller im „Denken" und vergessen nie? Und was die Intelligenz betrifft: Hat der Supercomputer Deep Blue nicht bereits 1997 den damaligen Schachweltmeister Kasparow geschlagen? Da ist es doch wohl nur noch eine Frage der Zeit, bis die Rechner uns in allem übertreffen. Manch einer hätte da wohl lieber einen PC anstelle eines Gehirns in seinem Kopf! Und die Sciencefiction quillt über von Geschichten über Maschinen, die die Weltherrschaft übernehmen, vom Filmklassiker „Colossus" bis „Terminator". Aber ich kann Sie beruhigen, alles weit gefehlt!

Zunächst einmal sind Gehirne und Computer keineswegs ähnlich konstruiert. Fundamental unterschiedlich ist nämlich gerade die Art und Weise, wie Informationen im jeweiligen System bearbeitet werden: Während der Computer dafür zwei separate Elemente hat, nämlich den Prozessor zur Verarbeitung und die Speicherelemente zur Aufbewahrung von Informationen, nehmen in biologischen Gehirnen Nervenzellen (Neurone) beide Aufgaben wahr.

Die menschliche Großhirnrinde ist dabei mit Ihren rund 100 Milliarden Neuronen, von denen jedes bis zu 10 000 Verbindungen zu anderen

Nervenzellen herstellt, das komplexeste uns bekannte System. Jedes einzelne dieser Neurone ist ein kleiner Prozessor, der dort verarbeitete Informationen über Synapsen genannte Verbindungen an andere Neurone weitergibt. Das Gehirn ist also bei weitem der größte „Parallelrechner", den es gibt. Manche Leistungen, die hier spielend in Echtzeit ablaufen, wie etwa Sprachverarbeitung, stellen Computer noch immer vor kaum lösbare weil allzu rechenintensive Probleme.

Informationen speichert unser Gehirn, indem es die Verbindungen zwischen den Neuronen modifiziert, also einige hinzufügt und andere wegnimmt. Bei der genannten Zahl von Zellen und Synapsen sind die sich ergebenden Kombinationsmöglichkeiten wesentlich größer als die Zahl der Atome im Universum! Der Speicher in Ihrem Kopf ist also im Prinzip groß genug für alles „Wissbare". Auch hier verliert also der Rechner: Wenn sein Speicher voll ist, ist er voll. Wenn dann etwas Neues hinein soll, muss Altes erst gelöscht werden.

Wenn Ihr Kopf „voll" ist, bauen Sie einfach ein paar Synapsen um, dann geht wieder was rein. Also seien Sie froh, dass Sie ein Gehirn und keinen Computer im Kopf haben, denn so können Sie immer Neues lernen, ohne Altes zu vergessen – und das kennen Sie sicher auch ... ■

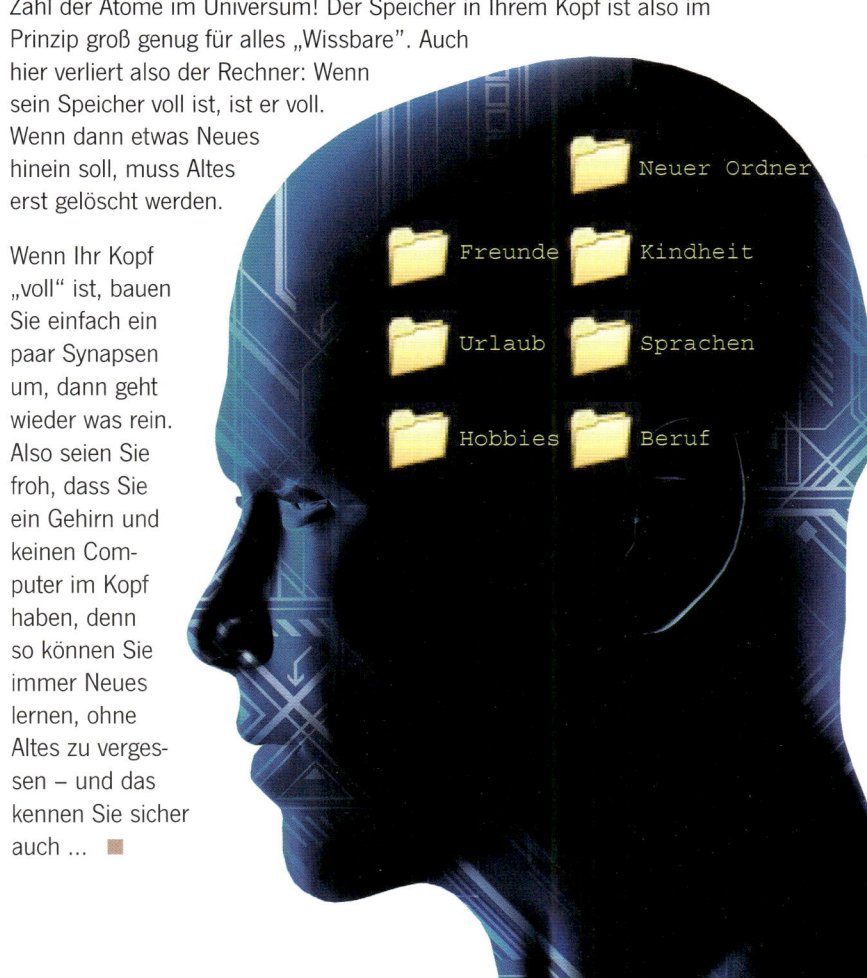

Der Ton macht die Musik
Prosodie gibt der Sprache einen Sinn

Prosodie ist die Art und Weise, wie Sie etwas sagen und betonen, und daher von enormer Bedeutung.

Kennen Sie das auch? Sie hatten eine Unterhaltung per E-Mail oder Chat, und irgendwie haben Sie sich dabei mit Ihrem Gegenüber in die Haare gekriegt, weil sie einander missverstanden haben? Später, in einem „richtigen" Gespräch, haben Sie dann alles leicht aufklären können und festgestellt, dass der Streit nur auf Missverständnissen beruhte? Woran liegt das?

Bei der rein schriftlichen Kommunikation fehlt der Sprache ein ganz wesentlicher Bestandteil, nämlich die Betonung, die Sprachmelodie. Diese sogenannte Prosodie ist dabei nicht nur schön anzuhören, sondern überträgt auch wichtige Informationen, teilt sie uns doch unter Umständen erst mit, wie etwas wirklich gemeint ist. Sagt ein Kunde zum Beispiel zu Ihnen „Na das ist aber günstig!", so kann er damit meinen, dass das angebotene Produkt tatsächlich preiswert oder aber total überteuert ist – je nachdem, wie er es betont.

Prosodische Kommunikation stellt eine uralte Methode dar, Informationen zu übertragen – viel älter als der Mensch selbst. So wird sie bereits in den Lautäußerungen vieler Säugetierarten verwendet, meist um Artgenossen Emotionen, Gefahr oder auch Paarungsbereitschaft anzuzeigen. Dabei sind die „Codes" evolutiv extrem konserviert und vermutlich genetisch festgelegt. Diese Tatsache erlaubt es Ihnen daher beispielsweise auch mühelos, dem

Grollen eines Hundes zu entnehmen, ob er gestreichelt werden will, oder ob es eher ratsam ist, das Weite zu suchen, um nicht gebissen zu werden.

Auch die vielbelächelte Babysprache, mit der Mütter oft scheinbar völlig überbetont mit ihren Säuglingen reden, ist keine alberne Marotte dieser Mütter. Ganz im Gegenteil nutzen Eltern hier instinktiv prosodische Informationen, um ihrem Kind mitzuteilen, ob etwas gut oder schlecht, richtig oder falsch ist, ohne dass das Kind dazu bereits Worte verstehen müsste. Prosodie stellt also ein ganz wichtiges Hilfsmittel dar, mit dem Eltern ihren Kindern in frühen Entwicklungsphasen Verhaltensweisen, Regeln und nicht zuletzt Sprache selbst beibringen können.

Die prosodische Information wird dabei im Gegensatz zur Wortsprache nicht in der (bei den meisten Personen) linken Hirnhälfte, die das „Wörterbuch" sowie die Regeln der Grammatik beinhaltet, verarbeitet, sondern in der rechten Hirnhälfte, die darüber hinaus auch vornehmlich für musische Fähigkeiten sowie für mathematisches und räumliches Vorstellungsvermögen zuständig ist. Schädigungen entsprechender Areale (Broca- und Wernicke-Areal) der linken Hirnhälfte führen daher zu massiven Störungen des Sprachverständnisses oder des Sprechvermögens, während die emotionale Färbung des Gesagten noch verstanden werden kann, da ja die rechte Hirnhälfte völlig intakt ist. Umgekehrt führen rechtshemisphärische Schäden dazu, dass die Patienten zwar die Worte noch verstehen, nicht aber deren Emotionsgehalt. Diese Menschen wüssten dann also nicht, was der Kunde mit dem obigen Satz wirklich meinte – aber dieses Problem kennen Sie sicherlich nicht. ■

Kaufen Kunden freiwillig?

Es gibt einen freien Willen

Der Mensch kann entscheiden, was er tun oder lassen will. Ist das wirklich so? Aber vielleicht täuscht unser Gehirn unserem Bewusstsein nur vor, es wäre Herr unserer Entscheidungen und Handlungen.

Kennen Sie das auch? Sie stehen in der Apotheke und wissen nicht so recht, was Sie kaufen sollen: das Markenpräparat oder ein entsprechendes Generikum. Nach einer Weile – und eingehender Beratung – entscheiden Sie sich dann schließlich für das eine oder das andere. Haben Sie sich eigentlich schon mal gefragt, ob Sie dabei nach Ihrem eigenen, freien Willen handeln?

Nun, vermutlich haben Sie das nicht, denn üblicherweise stellen wir nicht in Frage, dass wir einen freien Willen besitzen. Dabei ist diese Frage gar nicht so trivial, und zwar nicht nur in der Apotheke. Tatsächlich wird in der Neurowissenschaft seit einigen Jahren wieder heiß darüber diskutiert!

Ausgangspunkt des Streits zum Thema sind Untersuchungen, die Benjamin Libet Ende der 1970er-/Anfang der 1980er-Jahre durchführte. Er bat Versuchspersonen, eine sich schnell bewegende Uhr zu betrachten und zu einem beliebigen, frei zu wählenden Zeitpunkt die rechte Hand zu bewegen. Dabei sollte man sich mittels Uhr merken, wann man sich entschieden hatte, die Bewegung auszuführen. Libet notierte diese berichteten Zeitpunkte und bestimmte zusätzlich mittels Elektromyogramm

den genauen Zeitpunkt der Muskelbewegung, sowie mittels Elektroenzephalogramm das Bereitschaftspotenzial im Gehirn, welches derartigen Bewegungen vorausgeht. Überaschenderweise stelle er fest, dass die Probanden zwar subjektiv empfanden, die Entscheidung zur Handlung 200 ms (Millisekunden) vor der Bewegung zu treffen, dass das Bereitschaftspotenzial im Gehirn aber schon etwa 350 ms vor dieser bewussten Entscheidung messbar war.

Einige Wissenschaftler deuten diesen Befund nun dahingehend, dass das Gehirn die Entscheidung, wann die Handlung auszuführen sei, bereits vor der Bewusstwerdung der Entscheidung getroffen habe und uns einen eigenen, freien Willen nur vorgaukle. Ein derartiger Befund hätte dann freilich, wenn er sich bestätigte, weitreichende Konsequenzen für unser Verständnis von der Verantwortung für eigenes, moralisches Handeln und in der Konsequenz für die diesbezügliche Strafbarkeit! Und auch der Kunde in Ihrer Apotheke würde demnach kaufen, was sein unterbewusstes Gehirn ihm vorschriebe, und nicht auf Grund Ihrer fachkundigen Beratung eine eigene, fundierte Entscheidung treffen.

Aber ich kann Sie wieder einmal beruhigen: Zum Glück sind die Experimente von Libet, so innovativ und wegweisend sie auch waren, kein Beweis gegen die Existenz eines freien Willens. Libet selbst räumt unserem Willen ein Veto-Recht ein. Danach können wir in den 200 ms zwischen dem Bewusstwerden der Entscheidung und der Handlung letztere noch unterbinden. Viel fundamentaler jedoch ist die Kritik am Bereitschaftspotenzial selbst: Dieses könnte nur ein bestimmter Hirnzustand sein, der auftreten muss, damit wir eine Entscheidung treffen können. Und wenn das nur häufig genug der Fall ist, dann sind dem eigenen freien Willen keine Grenzen gesetzt. Und so kennen Sie das hoffentlich auch. ■

Gesunder Schlaf

Schlafentzug hilft bei Depressionen

Sowohl zuviel als auch zu wenig Nachtruhe beeinträchtigt das Wohlbefinden und die geistige Leistungsfähigkeit. Aber wozu ist Schlaf eigentlich gut?

Kennen Sie das auch? Es ist spät geworden bei Ihrer Geburtstagsfeier, die letzten Gäste sind erst in den frühen Morgenstunden aufgebrochen. Nun mussten Sie trotzdem am nächsten Tag früh raus und fühlen sich wie gerädert und schlapp. Oder aber Sie konnten bis in den Nachmittag hinein ganz lange ausschlafen, fühlen sich aber seltsamerweise trotzdem müde, unmutig und lustlos. Woran liegt das?

Obwohl inzwischen eine ganze Reihe von Funktionen des Schlafes aufgedeckt worden sind, ist bis heute unklar, wozu der Schlaf eigentlich gebraucht wird: Niedere Tiere und auch primitivere Wirbeltiere haben ihn nicht und evolutiv betrachtet erscheint die Erfindung des Schlafes eher ein Nachteil zu sein, ist der Schläfer doch potentiellen Fressfeinden relativ hilflos ausgeliefert. Dennoch ist diese Nachtruhe für uns so essentiell, dass Entzug desselben zu schweren, insbesondere das Gehirn betreffenden Beeinträchtigungen wie Halluzinationen, Gedächtnisstörungen, Aufmerksamkeitsdefiziten, Desorientierung und emotionaler Instabilität führt, während der restliche Körper grundsätzlich auch ohne den Erholungs-

effekt des Schlafes auszukommen scheint. Nach heutigem Kenntnisstand gelten als die wesentlichen Aufgaben der nächtlichen Ruhephase die Konsolidierung von Langzeitgedächtnis, Förderung der frühen Hirnentwicklung sowie die Ausübung regenerativer Effekte auf Stoffwechsel und Immunsystem. Allerdings erklärt dies freilich nicht, warum sich diese Vorgänge nicht auch im Wachzustand abspielen könnten, sondern optimal im gesunden Schlaf.

Nacht für Nacht werden im Gehirn verschiedene Schlafstadien regelmäßig durchlaufen, vom leichten Schlaf (Stadium 1), der noch dem Wachzustand sehr ähnliche neuronale Aktivitäten aufweist, zu sukzessive tieferen Schlafstadien (2 bis 4), die zunehmend durch synchrone Aktivität der Neurone gekennzeichnet sind. Besonders der Tiefschlaf scheint wichtig zu sein, er wird nach Schlafentzug am vollständigsten nachgeholt. Danach werden die Stadien wieder rückwärts durchlaufen und es schließt sich eine sogenannte REM-Schlafphase an, die durch vermehrte Träume und heftige Augenbewegungen gekennzeichnet ist. Für einen gesunden Schlaf benötigen Sie circa drei derartige Zyklen pro Nacht, wobei jeder Zyklus anderthalb bis zwei Stunden dauert. Schlafen Sie länger, steigt der Anteil an REM-Phasen, man träumt mehr. Da diese Träume dann oft belastenden Inhalts sind, erklärt sich die schlechte Laune nach zuviel Schlaf. Interessanterweise wird daher Schlafentzug erfolgreich bei depressiven Patienten eingesetzt, um diese „unerwünschten" REM-Phasen zu verhindern.

Also, schlafen Sie etwa sechs bis sieben Stunden pro Nacht, dann werden Sie erholt und frisch aufwachen, leistungsfähig für den Tag – so kennen Sie das sicher auch! ■

Verletzte Gedankenwelt

Gesunde Hirnregionen können Ausfälle teilweise kompensieren

Hirnschädigungen führen zu teils erheblichen Funktionsausfällen mit weitreichenden Beeinträchtigungen. Grund ist die fehlende Regenerationsfähigkeit von Nervengewebe.

Kennen Sie das auch? Die Angst davor, dass das eigene Gehirn durch Schlaganfall, Schädel-Hirn-Trauma oder Hirntumor Schaden nehmen könnte? Nicht ohne Grund betrachten wir unser Gehirn als wertvollstes Organ und schützen es, wo immer Verletzungsgefahr besteht, durch Fahrrad-, Ski-, oder sonstige Helme. Denn zum einen wirken sich Schädigungen des Gehirns mitunter dramatisch auf das Leben der Betroffenen aus – und zum anderen fehlt diesem Organ die Fähigkeit zur Regeneration nahezu vollständig: Einmal verloren gegangenes Hirngewebe wächst nicht nach! Warum ist das so?

Verschiedene Regionen des Gehirns sind für verschiedene Lebensfunktionen zuständig. Während Schädigungen des in der Tiefe gelegenen Stammhirns, das viele Vitalfunktionen wie Atmung oder Kreislauf kontrolliert, meist sofort zum Tode führen, werden Verletzungen der außen liegenden Großhirnrinde in der Regel überlebt – allerdings unter Verlust der in den geschädigten Regionen lokalisierten Funktionen. So führen Ausfälle im Hinterhauptsbereich zu teilweiser oder vollständiger Blindheit, linksseitige Schäden können Sprachverlust zur Folge haben und Verletzungen des Stirnhirns gehen oft mit teils dramatischen Veränderungen der Persönlichkeit einher: Man wird buchstäblich ein anderer Mensch, mit anderem Charakter trotz gleichbleibender Intelligenz! Auch die Fähigkeit, Neues im Gedächtnis zu speichern, kann verloren gehen, etwa bei beidseitiger Schädigung des Hippocampus. Betroffene leben dann praktisch im Moment der Schädigung weiter, Neues wird nur Minuten erinnert (anterograde Amnesie).

Dass unser Hirngewebe trotz dieser dramatischen Auswirkungen seiner Verletzung nicht nachwächst, liegt daran, dass dies gar nichts brächte!

Zwar entstehen auch im erwachsenen Gehirn neue Nervenzellen, jedoch nur in beschränktem Umfang und es ist unklar, ob diese Zellen überhaupt im Gesamtkonzert der bereits vorhandenen sinnvoll funktionieren können. Das liegt daran, dass jedes einzelne Gehirn einzigartig ist (vgl. „Gedankenlesen", S. 66/67), da sich seine Struktur in besonderen, kritischen Zeitfenstern in der Jugend durch persönliche Erfahrungen individuell entwickelt (vgl. „Prägende Eindrücke", S. 10/11). Nach diesen Perioden lassen sich neue Nervenzellen vermutlich also gar nicht mehr sinnvoll in das bestehende Netzwerk einpassen.

Dennoch ist unser Gehirn in der Lage, Schädigungen zu kompensieren, indem von der Verletzung nicht betroffene Bereiche die Aufgaben der geschädigten Regionen sukzessive übernehmen. Dies geschieht durch Reorganisation dieser Hirnregionen mittels Lernvorgängen ähnlicher Mechanismen. Da es sich dabei aber um Regionen handelt, die eigentlich andere Aufgaben haben, erfolgt diese Kompensierung leider nur mehr oder weniger gut und meist nie vollständig, zumindest beim Erwachsenen. Dennoch können durch gezielte, die neuroplastischen Mechanismen unterstützende Rehabilitationsmaßnahmen teilweise beachtliche Erfolge erzielt werden, zum Beispiel beim Wiedererlernen von Sprache – und vielleicht kennen Sie so was ja auch. ■

Eine Pille für das Vergessen

Ein normales Weiterleben soll wieder möglich werden

Posttraumatische Belastungsstörungen können schwere Beeinträchtigungen der Lebensqualität Betroffener nach sich ziehen. Gezieltes Löschen des Emotionsgehalts traumatischer Erlebnisse könnte hier helfen.

Kennen Sie das auch? Wichtige Ereignisse in unserem Leben können wir uns mühelos merken, selbst wenn wir sie nur ein einziges Mal erlebt haben. Meist jedoch erfordert Lernen langwieriges Üben, zu Beispiel beim Auswendiglernen von Vokabeln. Woran liegt das eigentlich?

Anders als beim mühsamen Erlernen von abstrakten Fakten oder Fähigkeiten (deklaratives bzw. prozedurales Gedächtnis) durch häufiges Wiederholen sind wir in der Lage, einmalige Erlebnisse ein Leben lang zu erinnern (episodisches Gedächtnis). Dieses schnelle Abspeichern von Erlebnissen ist von außerordentlicher Bedeutung für uns Menschen, da sich ein Individuum erst aus der Summe seiner Erfahrungen, seiner Lebensgeschichte konstituiert und ohne diese nicht denkbar wäre. Das Erlebte wird dabei insbesondere dann sicher gespeichert, wenn es uns emotional bewegt, positiv wie negativ.

Wenngleich das episodische Gedächtnis also kritisch notwendig für das Menschsein an sich ist, können traumatische Erlebnisse zu psychischen Erkrankungen führen, die wir als Posttraumatische Belastungsstörungen (engl. Post-traumatic stress disorder, PTSD) bezeichnen. Solche Erlebnisse sind oft mit Todesangst verbunden, etwa bei kriegerischen Kampfhandlungen, Attentaten, Naturkatastrophen, Folter oder Vergewaltigungen. Auch sexueller Missbrauch in der Kindheit kann ein PTSD nach sich ziehen. Die besondere Schnelligkeit und Stärke, mit der das Gehirn solche Erlebnisse speichert, hat ihre Ursache in der negativen emotionalen Komponente: Diese aktiviert die Amygdala, welche Verbindungen zum für die Langzeitgedächtnisbildung besonders wichtigen Hippocampus besitzt. Hier bewirkt der Neurotransmitter Noradrenalin über sogenannte beta-adrenerge Rezeptoren die Verstärkung der Einspeicherung des gerade Erlebten in das Langzeitgedächtnis. Diese traumatischen Erinnerungen sind es, die das Leben später so unerträglich machen.

Nun sind Erinnerungen im Gehirn nicht völlig statisch: Um sie abzurufen, müssen diejenigen synaptischen Verbindungen zwischen Neuronen wieder aktiviert werden, die beim Einspeichern benutzt wurden. Die Erinnerung wird dadurch nach jedem Erinnern im Prinzip neu abgespeichert und kann dabei verändert werden. Ein Therapieansatz zur Behandlung von PTSD versucht dies zu nutzen, indem die emotionale Komponente der Erinnerung durch Blockade der beta-adrenergen Rezeptoren mit Propranolol unterdrückt wird. Im Ergebnis wird dann das Ereignis zwar noch erinnert, die belastende, emotionale Komponente des Erlebnisses wurde aber gezielt aus der Erinnerung gelöscht.

Die Diskussion über die ethische Vertretbarkeit einer solchen Behandlung ist allerdings noch nicht abgeschlossen, denn unsere Erinnerungen sind, wie oben erläutert, unsere Identität. Ein gezieltes Löschen bestimmter Anteile davon ist daher keineswegs unproblematisch. Hier muss also abgewogen werden, welche der beiden Varianten das kleinere Übel darstellt – aber so etwas kennen Sie ja sicher auch … ∎

Das konservative Gehirn

Warum es so schwer ist, sich zu ändern

Die Fähigkeit, ein Leben lang Neues zu lernen, dokumentiert die enorme Plastizität unseres Gehirns. Manche Gewohnheiten lassen sich aber auch durch die besten Vorsätze nur schwer aufbrechen.

Kennen Sie das auch? Sie hatten sich viel vorgenommen für das neue Jahr: sich am Silvesterabend bei einem Glas Sekt geschworen, im nächsten Jahr würde alles anders. Doch kaum holt Sie der graue Alltag des Januars ein, sind die guten Vorsätze wie weggefegt und das schlechte Gewissen plagt Sie, weil die Weihnachtspfunde, anstatt wie geplant abzuschmelzen, zu einem festen neuen Begleiter geworden sind.

Warum aber fällt es uns so schwer, alte Gewohnheiten abzulegen? Das Problem hat damit zu tun, wie unser Gehirn lernt, nämlich aus Erfahrungen. Diese bestimmen, wie sich Neurone miteinander vernetzen und kommunizieren. Je früher, intensiver und emotionaler dabei eine bestimmte Erfahrung gemacht wurde, desto fester wird sie in unserem Gedächtnis verankert, desto prägender wird sie für die Ausbildung unserer individuellen Persönlichkeit und Gewohnheiten sein. Je öfter und regelmäßiger Sie zum Beispiel eine spezielle Tätigkeit ausüben, desto stärker werden sich die Neurone im Gehirn miteinander verknüpfen, die dieses Verhalten steuern und umso automatischer läuft das Verhalten dann ab.

Besonders plastisch sind derartige Prozesse in der Kindheit bis zum Ende der Pubertät (vgl. „Prägende Einflüsse", S. 10/11). Mit dem Erreichen des Erwachsenenalters verschwindet die große Dynamik dieser das Gehirn strukturierenden Prozesse und Veränderung wird zunehmend schwerer, da die neuronalen Verknüpfungen eben nicht mehr so leicht umgebaut werden können. Daher ist besonders das Ablegen alter Gewohnheiten so schwer.

Zwar kann sich auch das Gehirn des Erwachsenen noch umorganisieren, aber mehr in kleineren Details als in grundlegenden Verbindungen. Dies ist der Grund, weshalb später erworbene Angewohnheiten leichter wieder abzulegen sind als solche, die Sie schon lange praktizieren, egal ob es sich nun um Essgewohnheiten, Rauchen, Fingernagelkauen oder Fernsehkonsum handelt.

Nebenbei: Ganz schwer zu ändern sind die eigene Persönlichkeit oder pathologisches Suchtverhalten. Diese Konstanz des erwachsenen Gehirns mag zwar hinderlich erscheinen, wenn Sie etwas an sich verändern wollen. Sie ist aber ungemein wichtig, denn sie ist das erfahrungsbasierte Referenzsystem, das es überhaupt erst ermöglicht, Neues zu bewerten, um adäquat darauf zu reagieren. Zentral für das Gelingen Ihrer Vorsätze ist schließlich die Frage der Motivation: Plastizität im Gehirn bedarf der Mitwirkung des dopaminergen Systems, mit dem sich das Gehirn für Erfolge oder das Vermeiden von Misserfolgen selbst belohnt (vgl. „Macht Schokolade süchtig?", S. 38/39).

Nun können Sie also verstehen, warum die folgenden empirisch erhobenen Tipps zum Thema „Gute Vorsätze" der Psychologen funktionieren: Zerlegen Sie große Ziele in kleine, konkrete Teilziele, für deren Erreichen Sie sich regelmäßig belohnen (Dopamin!) – so vermeiden Sie Demotivation beim Scheitern an unerreichbaren Zielen. Wiederholen Sie die neuen Verhaltensweisen regelmäßig, um die neuen Verbindungen im Gehirn zu festigen – für dauerhaften Erfolg. Der stete Tropfen höhlt den Stein – das kennen Sie sicher auch ... ■

C

Voller Bauch studiert nicht gern

Was hat der Magen mit dem Gehirn zu tun?

Ghrelin, ein vom Magen vor den Mahlzeiten produziertes Peptidhormon, löst Hungergefühl und Appetit aus, beeinflusst aber auch kognitive Vorgänge im Gehirn.

Kennen Sie das auch? Sie sind im Lernstress und müssen sich auf eine Prüfung vorbereiten, für die Sie unheimlich viel Stoff zu büffeln haben. Sie arbeiten auch fleißig und diszipliniert, stehen früh auf, schaffen am Vormittag ein großes Pensum und begeben sich dann nach einigen Stunden mit gutem Gewissen in Ihre wohlverdiente Mittagspause. Doch nach dem Essen müssen Sie feststellen, daß Sie mit dem Lernen viel schlechter vorankommen als noch vor der Pause. Das alte Sprichwort ‚Voller Bauch studiert nicht gern' kommt Ihnen in den Sinn und Sie fragen sich, woran das eigentlich liegt.

Ein Schlüssel zu dieser Verbindung liegt in der Funktion des Ghrelins. Dabei handelt es sich um ein kleines, aus 28 Aminosäuren bestehendes Peptid, das von den Belegzellen des Fundus (ein Teils des Magens) bei leerem Magen produziert wird und primär durch Auslösen von Appetit und Hungergefühl die Nahrungsaufnahme reguliert.

Wie die meisten Hormone gelangt Ghrelin in die Blutbahn und erreicht auf diesem Wege auch das Gehirn. Hier ist es in der Lage, die Blut-Hirn-Schranke zu überwinden, sodass es potentiell auch hier seine Wirkungen

entfalten kann. Tatsächlich konnten in einer Reihe von Hirnstrukturen Ghrelinrezeptoren gefunden werden, etwa im Hypothalamus, Kortex und Hippocampus. Insbesondere die beiden letztgenannten Strukturen spielen eine zentrale Rolle bei der Langzeitgedächtnisbildung: Der Hippocampus stellt dabei so etwas wie einen Flaschenhals dar, den Informationen passieren müssen, ehe sie im Kortex abgespeichert werden können. Beidseitige Läsionen des Hippocampus führen denn auch zu einer anterograden Amnesie, bei der neue Informationen nicht mehr länger als ein paar Minuten gespeichert werden können, die Patienten also den Rest ihres Lebens in der Gegenwart des Tages ihrer Verletzung verharren.

Im Tierexperiment konnte nachgewiesen werden, dass Ghrelin die Bildung neuer Synapsen fördern bzw. die Übertragungsstärke an bestehenden Synapsen im Hippocampus verändern kann – beides zentrale Mechanismen von Lernen und Gedächtnis. Auch im Verhalten zeigten die mit Ghrelin behandelten Tiere verbesserte Gedächtnisleistungen.

Neben diesen direkten Auswirkungen auf Lern- und Gedächtnisleistungen konnte des Weiteren gezeigt werden, dass Ghrelin die durch chronischen Stress hervorgerufenen Angstzustände und Depressionen zu lindern vermag und so eine erhöhte Stresstoleranz bewirkt. Diese beiden Mechanismen zusammengenommen, Förderung von Lern- und Gedächtnisleistungen und erhöhte Stresstoleranz, könnten also die Ursache dafür sein, dass das Lernen vor dem Essen, wenn der Ghrelinspiegel im Blut hoch ist, so gut funktioniert. Nach dem Essen, wenn der Ghrelinspiegel sinkt, fehlen dann diese positiven Wirkungen und das Lernen fällt schwerer. Vielleicht ist es also besser, die Pause etwas zu verlängern, bis der Magen sich wieder leert und erneut Ghrelin ausschüttet – aber so kennen Sie das ja vielleicht auch... ∎

Was ist der Mensch?

Ein funktionierendes Frontalhirn
bestimmt unsere Persönlichkeit

Persönlichkeit und Charakter, die Fähigkeit,
sich in andere hineinzuversetzen, ihre Reaktionen
einzuschätzen, mitzufühlen und vorausschauend zu planen
– all das sind Eigenschaften, die den Menschen ausmachen.

Kennen Sie das auch? Ein Ihnen nahestehender Mensch, ein Verwandter oder enger Freund, ist an einem Hirnleiden erkrankt und Sie haben auf einmal den Eindruck, dass sich dadurch sein Wesen verändert hat? Möglicherweise entwickeln sich neue Charakterzüge, die Sie nie an ihm kannten, aggressives Verhalten etwa bei einem vormals lieben und einfühlsamen Menschen. Irgendwann hören Sie sich selbst den Satz sagen: „Ich kenne Dich gar nicht mehr!" oder „Du bist nicht mehr der, der Du mal warst!" Wie kann es sein, dass sich jemand derart verändert, dass er scheinbar ein ganz anderer Mensch wird? Was ist der Mensch eigentlich? Sind Persönlichkeit und Charakter nicht ganzheitliche Eigenschaften einer Person, untrennbar mit „dem Menschen", seinem Wesen, seiner „Seele" verbunden?

Wir nehmen uns selbst, unser bewusstes Erleben der eigenen Person, als etwas Unteilbares wahr. Unser Urteilsvermögen, unsere Überzeugungen, empfinden wir als konstant und jederzeit der persönlichen Vernunft unterworfen. Aber auch diese Eigenschaften sind das Resultat der Funktion bestimmter, spezialisierter Hirnareale – der Eindruck eines ganzheitlichen, unteilbaren Bewusstseins somit eine Illusion: So wie ein Patient nicht mehr verbal kommunizieren kann, wenn die Sprachzentren zerstört sind oder Lähmungen nach Verletzung motorischer Zentren auftreten, so hängen auch höhere kognitive Leistungen von dafür spezialisierten Hirnregionen ab.

Besonders schmerzlich wird uns dies in den oben genannten Beispielen bewusst, in denen persönlichkeitsbestimmende Hirnfunktionen durch Schädigungen der entsprechenden Areale beeinträchtigt werden, sei es durch Demenz, Schlaganfall oder Schädel-Hirn-Trauma. Wir können uns nicht vorstellen, dass ein einfühlsamer Mensch auf einmal emotionslos oder gar aggressiv wird, nur weil an der Entstehung dieser Hirnfunktionen beteiligte Areale des limbischen Systems geschädigt werden, ganz so wie beim Android Data aus Raumschiff Enterprise, dem man einen Emotionschip erst einbaute und dann wieder entfernte, weil er mit seinen plötzlich erworbenen Gefühlen nicht umgehen konnte. Wir sind doch keine Roboter!

Dennoch ist es so. Zuständig für unsere Persönlichkeit, unseren Charakter, das Einhalten sozialer und ethischer Normen, sind die Frontallappen der Großhirnrinde. Schädigungen der dorsolateralen Bereiche führen dabei zu Antriebslosigkeit oder der Unfähigkeit, Handlungsstrategien an sich verändernde Bedingungen anzupassen. Sind hingegen orbitofrontale Areale betroffen, so führt dies zur „Enthemmung", die Patienten brechen ethische und soziale Tabus, werden rücksichtslos oder sexuell aggressiv, ohne sich dessen überhaupt bewusst zu werden. Von außen betrachtet gibt es den geliebten Menschen dann nicht mehr. Doch verzeihen Sie ihm, denn es ist nicht böser Wille, es sind die Teilmodule seines Gehirns, die ihren Dienst versagen und einen Teil der Persönlichkeit sterben lassen, auch wenn der Körper weiterlebt. Was also ist der Mensch? Vielleicht stellen Sie sich diese Frage ja auch … ■

Wieso ist der Mensch gläubig?

Der Herr ist in Dir

Wenngleich die Frage nach der Existenz Gottes wissenschaftlichen Untersuchungen prinzipiell nicht zugänglich ist, so können wir doch erforschen, welche Vorgänge im Gehirn religiöses Empfinden erzeugen und welche Vor- oder Nachteile dies dem Gläubigen bringt.

Kennen Sie das auch? Das Jahr neigt sich dem Ende entgegen, die Straßen sind voller Lichterketten, es duftet nach Plätzchen und man wird beschaulich, reflektiert die vergangenen Monate. Für viele von uns, die ansonsten ihren christlichen Glauben nicht oder wenig praktizieren, kommt jetzt in der Weihnachtszeit wieder eine Phase der Beschäftigung mit Gott und dem eigenen Glauben. An Heilig-abend sind schließlich auch diejenigen in der Kirche, die sonst nie dort sind. Auch diese Menschen würden sich in ihrer überwiegenden Mehrheit als Gläubige bezeichnen, nach wie vor stellen die „echten" Atheisten in unserer wie übrigens jeder anderen Gesellschaft eine deutliche Minderheit dar. Glaube und Religiosität sind zutiefst menschlich und exklusive Eigenschaften des Menschseins. Aber wieso ist der Mensch überhaupt gläubig? Und lassen sich im Gehirn Korrelate unserer Religiosität finden? Oder bleibt die Religion etwas Immaterielles, nicht Messbares, etwas, das nur die Seele des Menschen, aber nicht seinen Körper betrifft?

Nun, zunächst einmal muss alles, was wir bewusst wahrnehmen, mit entsprechenden Aktivierungen bestimmter Areale des Gehirns einhergehen. Insofern müssen also auch religiöse Empfinden messbare neuronale Korrelate besitzen. Wie sich bei entsprechenden Studien herausstellte, ist das neuronale

Netzwerk, das während religiösen Empfindens aktiviert wird, außerordentlich komplex und umfasst eine ganze Reihe von Arealen des Stirn- und Scheitelhirns. Was aber bringen uns die „religiösen" Nervenaktivitäten?

Eine triviale Erkenntnis ist, dass der Glaube dem Gläubigen ein System aus Normen, Glaubenssätzen und Erklärungsmodellen liefert, das ihm Halt, Sicherheit und Kontinuität in seinem Leben bietet. Tatsächlich finden sich bei Gläubigen im Gegensatz zu Atheisten verminderte Aktivitäten in einem Fehler anzeigenden Hirnareal, dem anterioren Cingulum, wenn die Testperson einen Fehler begangen hat, nachdem sie in einen religiösen Kontext eingestimmt wurde. Der Glaube gibt dem Gläubigen hier also offenbar Sicherheit und Halt auch in Situationen des Scheiterns, weil der Fehler vom Gehirn als weniger schwerwiegend bewertet wird.

Noch erstaunlicher als dieser Befund ist die Beobachtung, dass Gläubige in religiösem Kontext ein vermindertes Schmerzempfinden haben, der Glaube also als Analgetikum wirken kann: Gläubige Christen, denen ein Bild der Jungfrau Maria gezeigt wurde, wiesen besondere Aktivierungen in einem Teil des präfrontalen Kortex auf, der an der Schmerzkontrolle beteiligt ist und die Schmerzempfindung lindert. Bei Atheisten oder der Präsentation nichtreligiöser Bilder war der Effekt nicht zu beobachten.

Die neurophysiologischen Korrelate des Glaubens lassen sich also tatsächlich messen. Ob das Gehirn allerdings den Glauben hervorbringt oder ob Gott diese Aktivitäten im Gehirn erzeugt, damit wir seiner gewahr werden, vermag die Wissenschaft nicht zu klären, das ist und bleibt eine Frage des persönlichen Glaubens – und so kennen Sie das sicher auch ... ■

Quellenangaben und weiterführende Literatur

Lernen und Gedächtnis

1. Prägende Eindrücke

Eliot, L. What's going on in there – How the brain and mind develop in the first five years of life. Bantam Books, N.Y., 1999

2. Im Reich der Düfte

Herz, R. Weil ich dich riechen kann – Der fünfte Sinn und sein Geheimnis. Herbig, München, 2009

16. Lernen macht glücklich

Anderson, J.R. Learning and Memory – An integrated approach. John Wiley & Sons, Inc., N.Y., Chichester, Weinheim, Brisbane, Singapore, Toronto, 2000

Kandel, E.R. et al. (Hrsg.) Principles of neural science. Prentice-Hall Int. Inc. 1991

Zehentbauer, J. Körpereigene Drogen – Die ungenutzten Fähigkeiten unseres Gehirns. Patmos Verlag, Düsseldorf, Zürich, 2001

17. Sex macht klug

Melis, M.R. et al. Oxytocin injected into the ventral tegmental area induces penile erection and increases extracellular dopamine in the nucleus accumbens and paraventricular nucleus of the hypothalamus of male rats. Europ. J. Neurosci., 26, 1026–1035, 2007

Schmidt, R.F. und Thews, G. (Hrsg.) Physiologie des Menschen, Springer Verlag Berlin, Heidelberg, N.Y., 1997

21. Bildung aus der Flimmerkiste

Barr, R. et al. Age-related changes in deferred imitation from television by 6- to 18-month-olds. Dev Sci., 10:910-921, 2007

McCall, R.B. et al. Imitation of live and televised models by children one to three years of age. Monogr. Soc. Res. Child. Dev., 42, 1–94, 1977

Nielsen, M. et al. The effect of social engagement on 24-month-olds' imitation from live and televised models. Dev. Sci., 11, 722–731, 2008

22. Lernen mit einer Pille?

Frank, M.J. et al. By Carrot or by Stick: Cognitive Reinforcement Learning in Parkinsonism. Science, 306, 1940–1943, 2004

24. Gedankenlesen

Abeles, M. Corticonics – Neural circuits of the cerebral cortex. Cambridge University Press, N.Y., 1991

Anderson, J.R. Learning and Memory – An integrated approach. John Wiley & Sons, Inc., N.Y., Chichester, Weinheim, Brisbane, Singapore, Toronto, 2000

Creutzfeldt, O.D. Cortex Cerebri, Springer-Verlag Berlin, Heidelberg, N.Y., Tokyo, 1983

Kischka, U. et al. (Hrsg.) Methoden der Hirnforschung. Spektrum Akademischer Verlag, Heidelberg, 1997

25. Köpfe und Computer

Braitenberg, V. Vehikel – Experimente mit kybernetischen Wesen. Rohwolt Taschenbuch Verlang, Reinbek, 1993

Creutzfeldt, O.D. Cortex Cerebri, Springer-Verlag Berlin, Heidelberg, N.Y., Tokyo, 1983

Kandel, E.R. et al. (Hrsg.) Principles of neural science. Prentice-Hall Int. Inc. 1991

31. Das konservative Gehirn

Danner, U.N. et al. Habit vs. intention in the prediction of future behaviour: the role of frequency, context stability and mental accessibility of past behaviour. Br. J. Soc. Psychol., 47, 245–265, 2008

Roth, G. Persönlichkeit, Entscheidung und Verhalten – Warum es so schwierig ist, sich und andere zu ändern. Klett-Cotta, Stuttgart, 2008

Webb, T.L. et al. Planning to break unwanted habits: habit strength moderates implementation intention effects on behaviour change. Br. J. Soc. Psychol., 48, 507–523, 2009

32. Voller Bauch studiert nicht gern

Atcha, Z., et al., Cognitive enhancing effects of ghrelin receptor agonists. Psychopharmacology, 206, 415–427, 2009

Diano, s., et al., Ghrelin controls hippocampal spine synapse density and memory performance. Nature Neuroscience, 9, 381–388, 2006

Lutter, M. et al., The orexigenic hormone ghrelin defends against depressive symptoms of chronic stress. Nature Neuroscience, 11, 752–753, 2008

Intelligenz

19. Intelligente Kinder

Eliot, L. What's going on in there – How the brain and mind develop in the first five years of life. Bantam Books, N.Y., 1999

Gould, S.J. Der falsch vermessene Mensch, Suhrkamp, 1988

Layzer, D. Heritability analyses of IQ scores: Science or Numerology? Science, 183, 1259–1266, 1974

Roth, G. Persönlichkeit, Entscheidung und Verhalten – Warum es so schwierig ist, sich und andere zu ändern. Klett-Cotta, Stuttgart, 2008

Weiß, V. Die IQ-Falle – Intelligenz, Sozialstruktur und Politik. Leopold Stocker Verlag, Graz, Stuttgart, 2000

20. Macht Musik intelligent?

Fudin, R. und Lembessis, E. The Mozart effect: questions about the seminal findings of Rauscher, Shaw, and colleagues. Percept. Mot. Skills., 98, 389–405, 2004

Rauscher, F.H. et al. Musik and spatial task performance. Nature, 365, 611, 1993

Schumacher, R. et al. Macht Mozart schlau? Die Förderung kognitiver Kompetenzen durch Musik. Bildungsforschung Band 18, Bundesministerium für Bildung und Forschung, Bonn, Berlin, 2006

Steele, K.M. et al. Failure to confirm the Rauscher and Shaw description of recovery of the Mozart effect. Percept. Mot. Skills., 88, 843–848, 1999

Emotion

12. Macht Schokolade süchtig?
Bassareo, V. und Di Chiara, G. Modulation of feeding-induced activation of mesolimbic dopamine transmission by appetitive stimuli and its relation to motivational state. Europ. J. Neurosci., 11, 4389-4397, 1999
Bassareo, V. et al. Differential Expression of Motivational Stimulus Properties by Dopamine in Nucleus Accumbens Shell versus Core and Prefrontal Cortex. J. Neurosci., 22, 4709-4719, 2002
Bassareo, V. et al. Differential adaptive properties of accumbens shell dopamine responses to ethanol as a drug and as a motivational stimulus. Europ. J. Neurosci., 17, 1465-1472, 2003
Bisson, J.-F. et al. Effects of long-term administration of a cocoa polyphenolic extract (Acticoa powder) on cognitive performances in aged rats. British J. Nutrition, 100, 94-101, 2008
Bruinsma, K. und Taren, D.L. Chocolate: Food or Drug? J. Am. Diet. Assoc., 99, 1249-1256, 1999
Cooper, S.J. und Al-Naser, H.A. Dopaminergic control of food choice: Contrasting effects of SKF 38393 and quinpirole on high-palatability food preference in the rat. Neuropharmacology, 50, 953-963, 2006
Stice, E. et al. Relation of Reward from Food Intake and Anticipated Food Intake to Obesity: A Functional Magnetic Resonance Imaging Study. J. Abnorm. Psychol., 117, 924-935, 2008
Yamada, T. et al. Anxiolytic effects of short- and long-term administration of cacao mass on rat elevated T-maze test. J. Nutr. Biochem., 20, 948-955, 2009

13. Und täglich grüßt die Angst
Bandler, R. und Grinder, J. Metasprache und Psychotherapie. Die Struktur der Magie Band I., Junfermann Verlag, 1981
Lautenbacher et al. (Hrsg.) Gehirn und Geschlecht – Neurowissenschaft des kleinen Unterschieds zwischen Mann und Frau. Springer Medizin Verlag, Heidelberg, 2007
O'Connor, J. und Seymour, J. Neurolinguistisches Programmieren: Gelungene Kommunikation und persönliche Entfaltung. VAK Verlag für Angewandte Kinesiologie, Freiburg, 1996

14. Ich fühle was, was Du nicht fühlst
Lautenbacher et al. (Hrsg.) Gehirn und Geschlecht – Neurowissenschaft des kleinen Unterschieds zwischen Mann und Frau. Springer Medizin Verlag, Heidelberg, 2007

18. Es werde Licht
Ishida et al. Light activates the adrenal gland: Timing of gene expression and glucocorticoid release. Cell Metabolism, 2, 297-307, 2005
Lam, R.W. und Levitan, R.D. Pathophysiology of seasonal affective disorder: a review. J. Psychiatry Neurosci., 25, 469-480, 2000
Lurie, S.J. et al. Seasonal affective disorder. American Family Physician, 74, 1521-1524, 2006
Miguez, J.M. et al. Melatonin effects on serotonin synthesis and metabolism in the stria-

tum, nucleus accumbens, and dorsal and median raphe nuclei of rats. Neurochem Res., 22, 87–92. 1997

Terman, M. und Terman, J.S. Light Therapy for Seasonal an Nonseasonal Depression: Efficacy, Protocol, Safety, and Side Effects. CNS spectrums, 10, 647–663. 2005

http://www.lrc.rpi.edu/programs/lightHealth/pdf/moreThanVision.pdf

http://www.depression-therapie-forschung.de/lichttherapie.html

28. Gesunder Schlaf

Müller, T.H. Wieviel Schlaf braucht der Mensch? Auswirkungen chronischer Schlafrestriktion. Beiträge zur Streß- und Schlafforschung, Bd. 5. Lit Verlag, Berlin, Münster, Wien, Zürich, London, 1996

Schmidt, R.F. und Thews, G. (Hrsg.) Physiologie des Menschen, Springer Verlag Berlin, Heidelberg, N.Y., 1997

Entscheidung

11. Kopf oder Bauch?

Roth, G. Persönlichkeit, Entscheidung und Verhalten – Warum es so schwierig ist, sich und andere zu ändern. Klett-Cotta, Stuttgart, 2008

27. Kaufen Kunden freiwillig?

Libet, B. Mind Time- Wie das Gehirn Bewusstsein produziert. Suhrkamp Verlag, 2007

Hören und Sprache

3. Unerwünschte Knalleffekte

Barkdull, G.C. AM-111 Reduces Hearing Loss in a Guinea Pig Model of Acute Labyrinthitis. The Laryngoscope, 117, 2174–2182, 2007

Coleman, J.K.M. et al. AM-111 protects against permanent hearing loss from impulse noise trauma. Hear. Res. 226, 70–78, 2007

Dinh, C.T. und Van De Water, T.R. Blocking Pro-Cell-Death Signal Pathways to Conserve Hearing. Audiol. Neurootol., 14, 383–392, 2009

Eshraghi, A.A. et al. Blocking c-Jun-N-terminal kinase signaling can prevent hearing loss induced by both electrode insertion trauma and neomycin ototoxicity. Hear. Res. 226, 168–177, 2007

Grindal, T.C. et al. AM-111 Prevents Hearing Loss From Semicircular Canal Injury in Otitis Media. The Laryngoscope, 120, 178–182, 2010

Plontke, S. et al. Erholung der Hörschwelle nach Knalltrauma durch Feuerwerkskörper und Signalpistolen. HNO, 51, 245–250, 2003

Suckfuell, M. et al. Intratympanic treatment of acute acoustic trauma with a cell-permeable JNK ligand: a prospective randomized phase I/II study. Acta Oto-Laryngologica, 127, 938–942, 2007

Wang, J. et al. A Peptide Inhibitor of c-Jun N-Terminal Kinase Protects against Both Aminoglycoside and Acoustic Trauma-Induced Auditory Hair Cell Death and Hearing Loss. J. Neurosci., 23, 8596–8607, 2003

Wang, J. et al. Inhibition of the c-Jun N-Terminal Kinase-Mediated Mitochondrial Cell Death

Pathway Restores Auditory Function in Sound-Exposed Animals. Molecular Pharmacol. 71, 654–666, 2007

4. Der Verlust der Stille

Eggermont, J.J. Central Tinnitus, Auris, Nasus, Larynx, 30, S7-S12, 2003

Eggermont, J.J. Tinnitus: Neurobiological substrates, Drug Discovery Today, 10, 1283–1290, 2005

Feldmann, H. Tinnitus, Thieme Verlag, Stuttgart, N.Y., 1998

Hesse, G., Tinnitus, Thieme Verlag, Stuttgart, N.Y., 2008

Langguth, B. et al. (Hrsg.) Tinnitus: Pathophysiology and Treatment. Progress in Brain Research Vol. 166, Elsevier, 2007

5. Das Cocktail-Party Phänomen

Cherry, E.C. Some experiments on the recognition of speech, with one and with two ears. J. Acoust. Soc. Am., 25, 975–979, 1953

Kurt, S. et al., Auditory Cortical Contrast Enhancing by Global Winner-Take-All Inhibitory Interactions. PLoS ONE, 3, e1735. doi:10.1371/journal.pone.0001735, 2008

Schulze, H. et al. Superposition of horseshoe-like periodicity and linear tonotopic maps in auditory cortex of the Mongolian gerbil. Europ. J. Neurosci., 15, 1077–1084, 2002

15. Verstehen Sie Ihren Partner?

Chariditi, K. et al. Functional responses of estrogen receptors in the male and female auditory system. Hear. Res., 252, 71–78, 2009

Chariditi, K. und Canlon, B. Estrogen receptors in the central auditory system of male and female mice. Neuroscience, 165, 923–933, 2010

McEwen, B.S. und Alves, S.E. Estrogen Actions in the Central Nervous System. Endocrine Reviews, 20, 279–307, 1999

26. Der Ton macht die Musik

Kolb, B. und Whishaw, I.Q. Neuropsychologie. Spektrum Akademischer Verlag, Heidelberg, Berlin, Oxford, 1993

Wilson, E.O. Sociobiology – The new synthesis. The Belknap Press of Havard University Press, Cambridge, London, 2000

Das kranke Gehirn

6. Vertigo

Probst, R. et al. Hals-Nasen-Ohren-Heilkunde. Thieme Verlag, Stuttgart, 2004

Zenner, H.-P. (Hrsg.) Praktische Therapie von HNO-Krankheiten. Schattauer, Stuttgart, N.Y., 2008

7. Reflexe außer Kontrolle

Döbrössy, M., et al., Neurorehabilitation With Neural Transplantation. Neurorehabilitation and Neural Repair, 24, 692–701, 2010

Kandel, E.R. et al. (Hrsg.) Principles of neural science. Prentice-Hall Int. Inc. 1991, S. 591ff

Ma, C. et al., A Neural Repair Treatment with Gait Training Improves Motor Function Recovery after Spinal Cord Injury. 32nd Annual International Conference of the IEEE EMBS Buenos Aires, Argentina, August 31 - September 4, 2010, S. 5553-5556

Schmidt, R.F. und Thews, G. (Hrsg.) Physiologie des Menschen, Springer Verlag Berlin, Heidelberg, N.Y., 1997, S. 354ff

8. Neuroprothesen

Lenarz, T. (Hrsg.) Cochlea Implantat, Springer-Verlag, Berlin, 1998
http://de.wikipedia.org/wiki/Neuroprothese

9. Käffchen?

Arendash, G.W. et al. Caffeine protects Alzheimer's mice against cognitive impairment and reduces brain beta-amyloid production. Neuroscience, 142, 941-952, 2006

Chen, J.-F. et al. Neuroprotection by Caffeine and A2A Adenosine Receptor Inactivation in a Model of Parkinson's Disease. J. Neurosci., 21, RC143, 1-6, 2001

Dall'Igna, O.P. et al. Caffeine and adenosine A2a receptor antagonists prevent β-amyloid (25-35)-induced cognitive deficits in mice. Experimental Neurology, 203, 241-245, 2007

de Paulis, T. et al. Dicinnamoylquinides in roasted coffee inhibit the human adenosine transporter. Europ. J. Pharmacol., 442, 215-223, 2002

Joghataie, M.T. et al. Protective effect of caffeine against neurodegeneration in a model of Parkinson's disease in rat: behavioral and histochemical evidence. Parkinsonism and Related Disorders, 10, 465-468, 2004

Kaasinen, V. et al. Expectation of caffeine induces dopaminergic responses in humans. Europ. J. Neurosci., 19, 2352-2356, 2004

Lane, J.D. et al. Caffeine Affects Cardiovascular and Neuroendocrine Activation at Work and Home. Psychosomatic Medicine, 64, 595-603, 2002

Maia, L. und de Mendonça, A. Does caffeine intake protect from Alzheimer's disease? Europ. J. Neurol. 9, 377-382, 2002

Singh, S. et al. Effect of caffeine on the expression of cytochrome P450 1A2, adenosine A2A receptor and dopamine transporter in control and 1-methyl 4-phenyl 1, 2, 3, 6-tetra-hydropyridine treated mouse striatum. Brain Res., 1283, 115-126, 2009

23. Schädliche Computerspiele

Anderson, J.R. Learning and Memory - An integrated approach. John Wiley & Sons, Inc., N.Y., Chichester, Weinheim, Brisbane, Singapore, Toronto, 2000

Kandel, E.R. et al. (Hrsg.) Principles of neural science. Prentice-Hall Int. Inc. 1991

Snyder, S.H. Chemie der Psyche. Drogenwirkungen im Gehirn. Spektrum Akademischer Verlag, Heidelberg, 1994

Zehentbauer, J. Körpereigene Drogen - Die ungenutzten Fähigkeiten unseres Gehirns. Patmos Verlag, Düsseldorf, Zürich, 2001

29. Verletzte Gedankenwelt

Bach-Y-Rita, P. Brain Plasticity as a basis for recovery of function in humans. Neuropsychologia, 28, 547-554, 1990

Biedermann, F. et al. Central Auditory Impairment in Unilateral Diencephalic and Telencephalic Lesions. Audiol. Neurootol., 13, 123-144, 2008

Blaszczyk, J.W. und Dobrzecka, C. Effects of unilateral somatosensory cortex lesion upon locomotion in dogs. Acta. Neurobiol. Exp., 55, 133-140, 1995

Boatman, D. Cortical bases of speech perception: evidence from functional lesion studies. Cognition, 92, 47-65, 2004

Cappa, S.F. et al. A PET Follow-up Study of Recovery after Stroke in Acute Aphasics. Brain and Language, 56, 55-67, 1997

Glasier, M.M. et al. Effects of Unilateral Entorhinal Cortex Lesion on Retention of Water Maze Performance. Neurobiol. Learn. Mem., 71, 19-33, 1999

Haun, F. und Cunningham, T.J. Recovery of Frontal Cortex-mediated Visual Behaviors following Neurotrophic Rescue of Axotomized Neurons in Medial Frontal Cortex. J. Neurosci., 13, 614-622, 1993

Irvine, D.R.F. et al. Injury-induced reorganization in adult auditory cortex and its perceptual. Hear. Res. 147, 188-199, 2000

Irvine, D.R.F. Injury- and use-related plasticity in the adult auditory system. J. Commun. Disord., 33, 293-312, 2000

Kandel, E.R. et al. (Hrsg.) Principles of neural science. Prentice-Hall Int. Inc. 1991

Kim, Y.-H. et al. Reorganuzation of cortical language areas in patients with aphasia: A functional MRI study. Yonsei Medical Journal, 43, 441-445, 2002

Kolb, B. und Whishaw, I.Q. Neuropsychologie. Spektrum Akademischer Verlag, Heidelberg, Berlin, Oxford, 1993

Musso, M. et al. Training-induced brain plasticity in aphasia. Brain, 122, 1781-1790, 1999

Spear, P.D. et al. Functional influence of areas 17, 18, and 19 on lateral suprasylvian cortex in kittens and adult cats: implications for compensation following early visual cortex damage. Brain Res., 447, 79-91, 1988

Thulborn, K.R. et al. Plasticity of Language-Related Brain Function During Recovery From Stroke. Stroke, 30, 749-754, 1999

30. Eine Pille für das Vergessen?

D biec, J. und LeDoux, J.E. Disruption of reconsolidation but not consolidation of auditory fear conditioning by noradrenergic blockade in the amygdale. Neuroscience, 129, 267-272, 2004

D biec, J. und LeDoux, J.E. Noradrenergic Signaling in the Amygdala Contributes to the Reconsolidation of Fear Memory Treatment Implications for PTSD. Ann. N. Y. Acad. Sci., 1071, 521-524, 2006

Kroes, M.C.W. et al. ß-Adrenergic Blockade during Memory Retrieval in Humans Evokes a Sustained Reduction of Declarative Emotional Memory Enhancement. J. Neurosci. 30, 3959-3963, 2010

Nader, K. et al., Fearmemories require protein synthesis in the amygdala for reconsolidation after retrieval. Nature, 406, 722-726, 2000

Weiß, V. Die IQ-Falle – Intelligenz, Sozialstruktur und Politik. Leopold Stocker Verlag, Graz, Stuttgart, 2000

10. Gefährliche Spaßverderber

Majic, T. et al. Pharmakotherapie von neuropsychiatrischen Symptomen bei Demenz. Deutsches Ärzteblatt, 107, 320-327, 2010

Zehentbauer, J. Körpereigene Drogen – Die ungenutzten Fähigkeiten unseres Gehirns. Patmos Verlag, Düsseldorf, Zürich, 2001

http://www.netzeitung.de/wissenschaft/1376619.html

http://www.nzz.ch/nachrichten/forschung_und_technik/ neuroleptika_bei_kindern_haben_schattenseiten_1.1185622.html

http://www.antipsychiatrieverlag.de/artikel/alte/alte_menschen.htm

http://eltern.t-online.de/medikamente-alarmierender-trend-mehr-neuroleptika-an-kinder/id_16625600/index

Http://www.taz.de/1/zukunft/wissen/artikel/1/ruhig-gestellt-mit-neuroleptika/

Seele und Geist

33. Was ist der Mensch?

Damasio, A.R. Descartes' Irrtum: Fühlen, Denken und das menschliche Gehirn. Marion von Schroeder Verlag, 2004

Kolb, B. und Whishaw, I.Q. Neuropsychologie. Spektrum Akademischer Verlag, Heidelberg, Berlin, Oxford, 1993

Sacks, O. Der Mann, der seine Frau mit einem Hut verwechselte. Rohwolt Taschenbuch Verlag, Reinbek, 2009

http://de.wikipedia.org/wiki/Phineas_Gage

34. Warum ist der Mensch gläubig?

Azari, N.P. et al. Neural correlates of religious experience. Europ. J. Neurosci., 13, 1649–1652, 2001

Harris, S. et al. Functional Neuroimaging of Belief, Disbelief, and Uncertainty. Ann. Neurol., 63, 141–147, 2008

Harris, S. et al. The Neural Correlates of Religious and Nonreligious Belief. PLoS ONE, 4, doi:10.1371/journal.pone.0007272, 2009

Inzlicht, M. et al., Neural Markers of Religious Conviction. Psychological Science, 20, 385–392, 2009

Inzlicht, M. et al., Reflecting on God : Religious Primes Can Reduce Neurophysiological Response to Errors. Psychological Science, 21, 1184–1190, 2010

Kapogiannis, D. et al., Cognitive and neural foundations of religious belief. Proc. Nat. Acad. Sci. USA, 106, 4876–4881, 2009

Kapogiannis, D. et al., Neuroanatomical Variability of Religiosity. PLoS ONE, 4, doi:10.1371/journal.pone.0007180, 2009

Urgesi, C. et al., The Spiritual Brain: Selective Cortical Lesions Modulate Human Self-Transcendence. Neuron, 65, 309–319, 2010

Wain, O. und Spinella, M. Extensive functions in morality, religion, and paranormal beliefs. Intern. J. Neurosci., 117, 135–146, 2007

Wiech, K. et al. An fMRI study measuring analgesia enhanced by religion as a belief system. Pain, 139, 467–476, 2009

Bildnachweis

Umschlag und Innentitel: mpm Fachmedien unter Verwendung folgender Fotos/Grafiken: S. 3: rosendo/Fotolia; S. 10/11: zyspicture/Fotolia; S. 12/13: Anna Subbotina/Fotolia; S. 14/15: Team 5/Fotolia; S. 16/17: Virtua73/Fotolia; S. 18/19: Eric Isselée/Fotolia; S. 20/21: mirpic/Fotolia; S. 22/23: GregEpperson/Fotolia; S. 25: f2comma8/Fotolia; S. 26/27: PictureArt/Fotolia; S. 28/29: Adrian Niederhäuser/Fotolia; S. 32/33: Zhioleta Shivarova/Fotolia; S. 34/35: Tyler Olson/Fotolia; S. 36/37: Eberth Rodriguez/Fotolia; S. 38: Fotolia; S. 40/41: PapadoXX/Fotolia; S. 42/43: Robert Kneschke/Fotolia; S. 44/45: iceteastock/Fotolia; S. 46/47: mpm Fachmedien; S. 48/49: Giordano Aita/Fotolia; S. 50/51: dancerP & AF Hair/Fotolia; S. 52/53: frankoppermann/Fotolia; S. 56: mpm Fachmedien; S. 57: Tombaky/Fotolia; S. 58/59: Thomas Kleber/Fotolia; S. 60/61: Renee Jansoa/Fotolia; S. 62/63: Adrian Niederhäuser/Fotolia; S. 64/65: Stenzel Washington/Fotolia; S. 66/67: Markus Bormann/Fotolia; 68/69: Kit Wai/Fotolia; S. 70/71: Beboy/Fotolia; S. 72/73: scusi/Fotolia; S. 74/75: Bilderbox; S. 76/77: Fotolia; S. 78/79: suzannmeer/Fotolia; S. 80/81: mpm Fachmedien; S. 82/83: fuxart/Fotolia; S. 84/85: Frog974/Fotolia; S. 86/87: LianeM/Fotolia